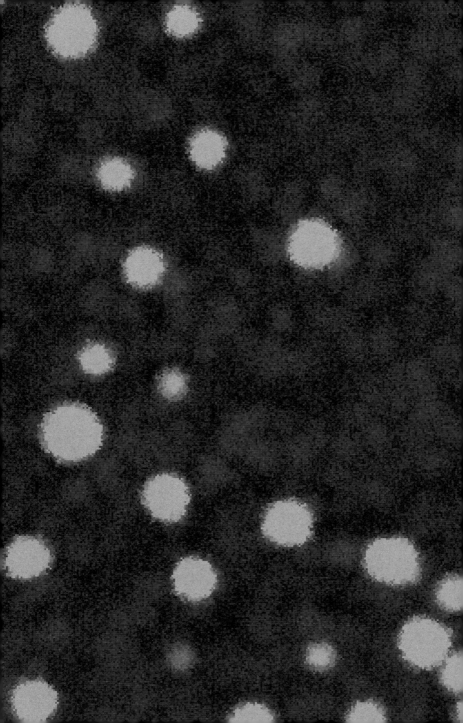

Л.С.庞特里亚金 著

李植 译

写给中学生的数学分析

（第4版）

中国教育出版传媒集团
高等教育出版社·北京

中文版序言

　　高年级中学生在教学大纲的范围内会学习少量高等数学知识，主要是初步的微积分运算．一些学有余力的学生，尤其是参加数学、物理等学科竞赛的学生，则会提前学习解析几何学、高等代数学、微积分甚至常微分方程等大学课程．但是，高等数学至少对多数中学生而言是超前的，所以应该讲哪些内容，讲到什么程度，又应该回避哪些内容，历来多有争议．著名苏联数学家 Л.С.庞特里亚金院士(1908—1988) 深入思考过这些问题，并用六本书予以回答，本书是其中的一本．下面按照出版时间顺序列出这些书的俄文第 1 版信息：

　　初识高等数学：坐标法．莫斯科：科学出版社，1977．

　　写给中学生的数学分析．莫斯科：科学出版社，1980．

　　初识高等数学：无穷小分析．莫斯科：科学出版社，1980．

　　数的推广．莫斯科：科学出版社，1986．

　　初识高等数学：代数学．莫斯科：科学出版社，1987．

　　初识高等数学：微分方程及其应用．莫斯科：科学出版社，1988．

　　这些书多次再版，至今畅销．高等教育出版社一并引入这六本书是又一次造福中国读者的盛举．作为译者，我认为这些书是在同样背景下出版的一整套书，所以有必要统一介绍其特点，希望有助于中国的学生、家长和教师理解庞特里亚金院士的观点和苦心, 尤其是在"做题家"内卷困局有目共睹的当下.

庞特里亚金院士之所以不顾年高体弱仍然花费大量精力写中学生读物, 是因为他发现当时 (20 世纪 60 年代后期) 苏联中学数学关于加强集合论内容的教学改革适得其反, 导致教学水平退步. 他带着强烈的社会责任感联合其他院士向有关部门施压要求整改, 又亲自提出了向中学生介绍高等数学的一整套可行方案并付诸实施, 在十多年时间内先后写出供数学爱好者参考的四卷本丛书《初识高等数学》, 用作中学教材的《写给中学生的数学分析》, 以及数的概念的发展史《数的推广》(著名的"量子"丛书第 54 卷, 该丛书由苏联科学院组织出版, 是面向中学生和中学教师的优秀科普读物). 这些书的共同特点是简明扼要, 根据中学生的认知和理解能力用不大的篇幅介绍相应数学领域的基础知识, 注重基本概念的联系和普遍性, 部分书附有颇具启发性的例题或习题. 作者看重的是理论框架而非熟练计算, 换言之, 他提出的是更高视角下的战略而非细枝末节的战术. 世界已经进入人工智能时代, 学生的培养理应向侧重大局观的方向转变. 中国并不缺少肯于埋头苦干的人, 但是如果大方向不对或者根本没有方向, 埋头苦干只是浪费、自耗而已. 这套教材和课外读物为我们树立了典范, 更提供了改变现状的思路.

这套书的另一个特点是注重学科发展史. 作者专门介绍了关键的历史节点和基本概念的历史渊源, 例如三种圆锥曲线在古希腊时期的叫法, 笛卡儿坐标和复数的来历, 代数学、几何学和微积分发展史上的精彩结果、重要人物和相关趣闻,等等.

庞特里亚金院士在书中展示了他惊人的数学直觉和驾驭公式的技巧,这当然是建立在天赋上的能力,读者不必自叹不如,光是看一看也足以欣赏到数学之美.看得多了,这种直觉和技巧也许就会潜移默化地融入血液.

庞特里亚金院士还有一长一短两部自传展示其传奇人生——少年意外失明,青年举世皆惊,中年另起炉灶,晚年跨界纵横;尽天赋而求索,展良知以力争.长篇自传写于1982—1983 年,已有中译本: Л. C. 庞特里亚金. 庞特里亚金自传. 霍晔译. 北京: 高等教育出版社,2024. 短篇自传最初发表于 1978 年,后来作为《初识高等数学: 微分方程及其应用》一书的附录广为人知,这次以《庞特里亚金自述》为题一并译出,收录于《写给中学生的数学分析》中译本. 这两部自传都叙述了他撰写普及读物的想法和经过.

译者为每一本书制作了细致的索引,这对于浏览关键词、掌握术语体系大有裨益.

译者感谢爱妻邵长虹的长期支持和帮助,她始终都是译文的第一读者、审阅人和修改者.

感谢北京大学陈国谦教授多年以来对翻译俄罗斯经典学术著作的支持。感谢高等教育出版社赵天夫先生、李鹏先生、和静女士在出版过程中的各种帮助.

李植

北京大学

2023 年 12 月

原版序言

如果能够顺利实现的话，这本大约五个印张的小册子会用作中学的数学分析教材，其内容足以覆盖任何不同教学大纲所能包括的相关知识. 本书不从极限的定义和计算法则讲起，因为极限在本书中被解释为一种自然而然的概念，通过切线和导数的定义即可阐明. 因此，本书从导数入手，然后计算多项式和三角函数的导数，给出积、商以及复合函数的微分法则，证明罗尔定理和拉格朗日公式，进而用这些工具研究函数，求递增区间、递减区间、极大值和极小值；用三种不同形式定义积分：微分的逆运算、图形的面积、有限项之和的极限；详细研究函数 e^x，即多项式 $(1+x/n)^n$ 的序列在整数 n 趋于无穷大时的极限所定义的函数，并计算函数 e^x 和 $\ln x$ 的导数. 最后附有各节的少量习题，部分习题的难度相当大. 本书不强调逻辑上的严谨性，但重视计算能力的培养，可以作为一本大众读物供数学分析初学者参考.

我自己从来没有在中学里教过书，所以在本书的写作过程中，我只能以一名数学家的合理想法和关于我自己在中学期间对数学分析的感受的个人回忆为依据. 虽然那时在中学里不讲数学分析，但我在上大学以前对数学分析已经有相当好的了解，知道什么是导数，什么是积分，会利用这些工具解题，但对极限理论一无所知. 直到上大学后，我才知道居然还有极限理论，当时颇感惊讶. 我认为，中学里的数学分析不应该从极限理论开始讲, 毕竟极限理论在历史上是在数学分析大厦已经建立起来之后作为其加层出现的, 我们需要牢记这一点. 详细研究极限和连续函数之类的东西可能很无聊, 甚至引起反感. 记得我还是中学生的时候, 我在某一本数学分析教程中读到了关于连续函数遍取所有中间值的一个定理的证明. 我在阅读时深感困惑, 也大受刺激. 按照思维正常的人的感受, 函数图像应该相当于一块经过细致打磨而没有毛刺的金属片的边缘. 如果对函数图像的概念有这样的感受, 就可以认为图像凸起部分的切线相当于一把紧靠金属片凸起部分的直尺的边缘. 因此, 无论是切线还是导数, 其存在都不应该引起困惑. 对于这样的金属片, 其面积的存在同样也不应该引起困惑, 所以积分无疑也是存在的. 我希望中学生在学习几何的时候能够想象三角形是由金属片做成的, 从而可以拿在手中把玩, 可以到处移动, 还可以翻一个面. 这并不表示应该这样定义三角形, 但是我觉得恰恰应该这样来感受它. 基于方法论上的这种考虑, 我不从极限的定义开始讲数学分析, 而从切线和导数的定义开始.

我觉得只有从第 1 节到第 7 节的内容应该列入中学教学大纲, 因为从第 8 节到第 10 节关于函数 e^x 的叙述仍然显得过于复杂. 尽管如此, 按照教学大纲的要求, 我还是给出了这部分内容. 按照同样的要求, 我还叙述了关于极限和连续函数的某些知识, 但仅限于跋 (第 13 节).

最后, 我向 B. P. 捷列斯宁表示感谢, 他在本书的写作和编辑过程中给予我巨大帮助.

目 录

§1. 导数

在研究函数的时候, 导数的作用最为重要. 如果给出某个函数

$$y = f(x), \tag{1}$$

就可以计算出一个函数 $f'(x)$, 它的值描述函数 $f(x)$ 的值 y 随 x 的值变化而变化的速度. 这样的函数 $f'(x)$ 称为函数 $f(x)$ 的导数. 这当然不是导数的定义, 而只是它的某种直观描述. 我们考虑一个特例来进一步说明这种描述. 如果依赖关系 (1) 是正比关系 $y = kx$, 则 y 随 x 变化而变化的速度自然为 k, 即这时我们应该有 $f'(x) = k$. 在这种情况下, 导数具有明显的力学意义. 如果认为 x 是时间, 而 y 是一个质点在相应的一段时间内通过的路程, 则 k 是质点的运动速度. 这里的 y 相对于 x 的变化速度 $f'(x)$ 取常值, 但是在量 y 对 x 的依赖关系 (1) 更加复杂时, 导数 $f'(x)$ 本身也是变量 x 的函数.

在很多物理过程中, 各物理量随时间变化. 如果相应的变化速度起重要作用, 在研究这些物理过程的时候就要用到导数. 不过, 我们还是从导数的一个几何应用实例入手, 并在这个实例中更准确地说明导数的概念本身.

导数与切线. 让我们在某一个平面直角坐标系 (笛卡儿坐标系) 中画出函数 $f(x)$ (见 (1)) 的图像. 为此, 通常

在所考虑的平面上画一条水平的横坐标轴, 其方向为从左向右, 再画一条竖直的纵坐标轴, 其方向为从下向上 (图 1). 函数 $f(x)$ 在这个坐标系中的图像是一条曲线, 记为 L. 我们提出以下问题: 给出曲线 L 在其上某点 a 的切线的合理定义, 并计算用来确定这条切线的各种量. 为了给出切线的合理定义, 我们暂时认为点 a 是固定的, 在其附近选取曲线 L 上的另外一个点 α. 通过点 a 和 α 的直线 S 称为曲线 L 的割线, 因为它与该曲线相交于 a 和 α 这两个点. 曲线 L 上的点 α 可能位于点 a 的右边, 也可能位于其左边. 现在, 让点 α 沿曲线 L 移动并无限接近点 a. 当点 α 这样移动时, 通过固定点 a 和移动点 α 的割线 S 会随着自身的转动而无限接近通过固定点 a 的某条直线 K, 这条直线 K 就称为曲线 L 在点 a 的切线. 这时需要满足一个条件: 直线 K 与点 α 从哪个方向接近点 a 无关. 在点 α 的上述移动过程中, 如果割线 S 不接近任何一条具有确定位置的直线 K, 我们就认为曲线 L 在点 a 的切线不存在. 切线 K 通过固定

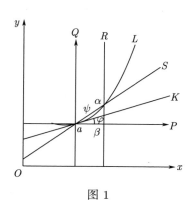

图 1

写给中学生的数学分析

点 a. 如果切线 K 不是竖直的, 则为了计算它对横坐标轴的倾角 φ, 只要计算 $\tan\varphi$ 即可.

为了计算 $\tan\varphi$ 的值, 我们先计算割线 S 对横坐标轴的倾角 ψ 的正切 $\tan\psi$. 点 a 的横坐标和纵坐标分别记为 x 和 y, 即

$$a = (x,\, y), \tag{2}$$

其中 x 和 y 满足关系式 (1), 因为点 a 位于函数 $f(x)$ 的图像 L 上. 类似地, 点 α 的横坐标和纵坐标分别记为 ξ 和 η, 即

$$\alpha = (\xi,\, \eta), \tag{3}$$

其中 ξ 和 η 满足关系式

$$\eta = f(\xi), \tag{4}$$

因为点 α 也位于函数 $f(x)$ 的图像 L 上. 现在画出通过点 a 的两条直线——水平直线 P 和竖直直线 Q, 它们分别平行于原始坐系的横坐标轴和纵坐标轴, 其方向也与相应坐标轴的方向一致. 如果分别取直线 P 和 Q 作为横坐标轴和纵坐标轴, 则它们本身在我们所考虑的平面上又确定了一个新的坐标系, 其原点为点 a. 割线 S 不能是竖直的, 由此即可理解在割线 S 上选取从左向右的方向意味着什么. 因为新的横坐标轴 P 平行于原始的横坐标轴, 所以为了计算角 ψ, 只要计算直线 P 的正方向与直线 S 的正方向之间的夹角即可. 这个角 ψ 是锐角, 但它可能是正的, 也可能是负的. 以

P 和 Q 为坐标轴的新坐标系把平面分为四个象限. 如果割线 S 的方向是从第三象限到第一象限, 则角 ψ 是正的; 如果割线 S 的方向是从第二象限到第四象限, 则角 ψ 是负的. 在新的坐标系中, 点 α 的横坐标和纵坐标分别等于

$$\xi - x, \quad \eta - y. \tag{5}$$

为了计算角 ψ, 作出通过点 α 的竖直直线 R, 它与直线 P 的交点记为 β. 考虑直角三角形 $a\beta\alpha$, 其中 β 是直角的顶点. 如果不关注角 ψ 的符号, 它就等于该直角三角形在顶点 a 处的角 $\beta a\alpha$. 这个角的正切等于直角边 $\beta\alpha$ 的长度 $l(\beta\alpha)$ 与直角边 $a\beta$ 的长度 $l(a\beta)$ 之比. 于是, 我们有公式

$$|\tan \psi| = \frac{l(\beta\alpha)}{l(a\beta)}. \tag{6}$$

边长 $l(\beta\alpha)$ 等于点 α 在新坐标系中的纵坐标的绝对值, 即等于 $|\eta - y|$ (见 (5)). 同样地, 边长 $l(a\beta)$ 等于点 α 在新坐标系中的横坐标的绝对值, 即等于 $|\xi - x|$. 于是, 从公式 (6) 推出

$$|\tan \psi| = \frac{|\eta - y|}{|\xi - x|}. \tag{7}$$

现在我们证明

$$\tan \psi = \frac{\eta - y}{\xi - x}. \tag{8}$$

为此, 我们注意到, 如果点 α 位于第一象限或第三象限, 则其横坐标和纵坐标具有相同的符号, 所以等式 (8) 的右边是正的. 在这种情况下, $\tan \psi$ 的值是正的, 因为角 ψ 是正

的. 如果点 α 位于第二象限或第四象限, 则其横坐标和纵坐标 (见 (5)) 具有不同的符号, 所以等式 (8) 的右边是负的. 在这种情况下, $\tan\psi$ 也是负的, 因为角 ψ 是负的. 于是, 我们证明了公式 (8). 现在, 我们把其中的变量 y 和 η 用公式 (1) 和 (4) 进行代换, 就得到

$$\tan\psi = \frac{f(\xi) - f(x)}{\xi - x}. \tag{9}$$

当点 α 无限接近点 a 时, 它的横坐标 ξ 也无限接近点 a 的横坐标 x, 后者记为

$$\xi \to x. \tag{10}$$

为了求出 $\tan\varphi$ 的值, 需要计算当 $\xi \to x$ 时 $\tan\psi$ 趋于什么值, 而这可用公式的形式记为

$$\text{当 } \xi \to x \text{ 时,} \quad \tan\psi \to \tan\varphi. \tag{11}$$

在高等数学中, 我们把由两个公式组成的这样的关系式写为一个公式

$$\lim_{\xi \to x} \tan\psi = \tan\varphi. \tag{12}$$

还可以利用公式 (9) 对这个公式中的 $\tan\psi$ 进行代换, 从而把它改写为

$$\tan\varphi = \lim_{\xi \to x} \frac{f(\xi) - f(x)}{\xi - x}. \tag{13}$$

记号 lim 是拉丁文单词 limit 的缩写, 其含义是极限.

为了严格描述对分式

$$\frac{f(\xi) - f(x)}{\xi - x} \tag{14}$$

进行的运算 (13),我们需要准确地定义记号 →,即解释一个变量趋于某个常值的含义. 不过,我们在这里应该直观地理解这个过程. 我们指出,在公式 (14) 中不能简单地取 $\xi = x$,否则分子和分母都等于零,所以必须考虑变量 ξ 不断接近常值 x 的过程并注意量 (14) 在这个过程中的性质.

为了用一个简单的例子解释清楚极限的概念,我们来研究由公式

$$y = f(x) = x^2 \tag{15}$$

给出的函数 $f(x)$. 这时,分式 (14) 写为以下形式:

$$\frac{f(\xi) - f(x)}{\xi - x} = \frac{\xi^2 - x^2}{\xi - x} = \xi + x. \tag{16}$$

对于上述极限运算,在这个等式的右边已经可以用 x 的值替代 ξ 的值,并且我们没有得到无意义的关系式 0/0. 于是,我们在这个特例中有

$$\lim_{\xi \to x} \frac{\xi^2 - x^2}{\xi - x} = \lim_{\xi \to x}(\xi + x) = 2x. \tag{17}$$

因此,我们证明了

$$\text{当 } \xi \to x \text{ 时,} \quad \frac{\xi^2 - x^2}{\xi - x} \to 2x, \tag{18}$$

即

$$\lim_{\xi \to x} \frac{\xi^2 - x^2}{\xi - x} = 2x. \tag{19}$$

量

$$\lim_{\xi \to x} \frac{f(\xi) - f(x)}{\xi - x} \qquad (20)$$

称为任意函数 $f(x)$ 在点 x 的导数, 记为 $f'(x)$. 因此, 按照定义, 我们有 (见 (13)) [①]

$$f'(x) = \lim_{\xi \to x} \frac{f(\xi) - f(x)}{\xi - x}. \qquad (21)$$

不过, 当 $\xi \to x$ 时, 量 (14) 不趋于任何一个极限值的情况也可能出现. 在这种情况下, 我们认为函数 $f(x)$ 在点 x 的导数不存在.

于是, 公式 (19) 表明, 对于函数 (15),

$$f'(x) = 2x. \qquad (22)$$

应该注意, 对于公式 (21), 我们没有单独考虑 α 从右边趋于 a 和从左边趋于 a 这两种情况. 在第一种情况下, ξ 逐渐减小并趋于 x, 而在第二种情况下, ξ 逐渐增大并趋于 x. 无论是 ξ 趋于 x 的哪种情况, 导数的计算结果应该是一样的, 并且仅在这个条件下才能够认为在点 x 的导数存在.

如果直线 K 是竖直的, 则当 $\xi \to x$ 时 $\tan \psi$ 无限增大. 因此, 在这种情况下, 关系式 (14) 无限增大, 从而不趋于任

---

① 从导数的定义 (21) 和公式 (13) 可知,

$$f'(x) = \tan \varphi.$$

因此, 函数 $f(x)$ 在点 x 的导数等于该函数的图像在这个点的切线对横坐标轴的倾角 φ 的正切, 即等于该切线的斜率. 这就是导数的几何意义 (本书脚注均为译者所加, 在下文中不再另行说明).

何极限, 即在这个点的导数不存在. 不过, 我们有时候约定, 在这个点的导数等于无穷大. 从以上讨论可知, 函数 $f(x)$ 的导数存在的充分必要条件是曲线 L 在点 a 的切线存在, 并且该切线不是竖直的. 然而, 容易给出一个函数, 使表达式 (14) 当 ξ 分别从左边和从右边趋近时给出不同的结果. 例如, 考虑由方程

$$y = f(x) = |x| + x^2 \tag{23}$$

给出的函数 $f(x)$, 我们来计算这个函数在点 $x = 0$ 的导数. 在这种情况下, 我们有

$$\frac{f(\xi) - f(0)}{\xi - 0} = \frac{|\xi| + \xi^2}{\xi} = \frac{|\xi|}{\xi} + \xi. \tag{24}$$

当 ξ 为正数时, $|\xi| = \xi$, 而当 ξ 为负数时, $|\xi| = -\xi$. 因此, 我们有

$$当 \xi > 0 时, \quad \frac{|\xi|}{\xi} = +1, \tag{25}$$

$$当 \xi < 0 时, \quad \frac{|\xi|}{\xi} = -1. \tag{26}$$

于是,

$$当 \xi > 0 时, \quad \lim_{\xi \to 0} \frac{|\xi| + \xi^2}{\xi} = +1, \tag{27}$$

$$当 \xi < 0 时, \quad \lim_{\xi \to 0} \frac{|\xi| + \xi^2}{\xi} = -1. \tag{28}$$

因此, 量 (24) 的极限依赖于 ξ 趋于 0 的方向, 即依赖于 ξ 从右边还是从左边趋于 0. 我们在这种情况下认为, 该函数

$f(x)$ (见 (23)) 在点 $x = 0$ 没有导数, 而相应图像在这里也没有切线. 还有一些更复杂的常见情况, 在这些情况下都不能用公式 (21) 计算导数 $f'(x)$.

求函数 $f(x)$ 的导数的运算 (见 (21)) 通常称为函数 $f(x)$ 的微分运算, 而在点 x 具有导数的函数称为在该点的可微函数. 我们在下文中只考虑除了在个别点的导数为无穷大, 在其余所有点都可微的函数.

于是, 我们今后将默认所研究的任何函数都是处处可微的, 除非另外指出其导数在个别点处为无穷大.

函数的连续性. 我们来稍微改写公式 (21). 令

$$k = k(\xi) = \frac{f(\xi) - f(x)}{\xi - x}, \qquad (29)$$

则

$$f'(x) = \lim_{\xi \to x} k(\xi). \qquad (30)$$

量 $k(x)$ 不是由公式 (29) 确定的, 而是由 $k(x) = f'(x)$ 确定的. 我们有

$$f(\xi) - f(x) = k(\xi)(\xi - x), \qquad (31)$$

其中 $k(\xi)$ 满足条件 (30). 公式 (31) 在 $\xi = x$ 时也成立. 差 $\xi - x$ 称为自变量增量, 而差 $f(\xi) - f(x)$ 称为函数增量. 公式 (31) 告诉我们, 函数增量正比于自变量增量, 并且比例系数 $k(\xi)$ 约等于 $f'(x)$.

当 $\xi \to x$ 时对关系式 (31) 取极限, 得到

$$\lim_{\xi \to x}(f(\xi) - f(x)) = \lim_{\xi \to x} k(\xi) \cdot \lim_{\xi \to x}(\xi - x) = f'(x) \cdot 0 = 0,$$

从而

$$\lim_{\xi \to x} f(\xi) = f(x). \tag{32}$$

如果函数 $f(x)$ 在给定的点 x 满足条件 (32), 我们就说, 它在给定的点 x 是连续的. 如果一个函数对于自变量的所有值都是连续的, 我们就称之为连续函数. 于是, 我们证明了, 如果函数 $f(x)$ 在给定的点 x 有导数, 则它在点 x 是连续的. 而如果一个函数是可微的, 即如果它对于 x 的所有值都是可微的, 则它是连续的.

写给中学生的数学分析

§2. 多项式导数的计算

我们在这里计算函数

$$y = f(x) = a_0 x^n + a_1 x^{n-1} + \cdots + a_{n-1} x + a_n \qquad (1)$$

的导数, 即 x 的任意多项式的导数, 其中 a_0, a_1, $\cdots$, a_{n-1}, a_n 是常系数. 在计算过程中, 有时使用稍微变化的记号 $(f(x))'$ 来表示函数 $f(x)$ 的导数 $f'(x)$ 更加方便, 即

$$f'(x) = (f(x))'. \qquad (2)$$

在这种记号下, 现在我们能够把 §1 中的两个公式 (15) 和 (22) 写为一个公式

$$(x^2)' = 2x.$$

首先计算最简单的 n 次多项式的导数, 该多项式只有一项:

$$y = f(x) = x^n. \qquad (3)$$

为了计算函数 (3) 的导数, 我们利用一个简单却很重要的代数公式, 这里给出它的证明.

为了写出并证明这个代数公式, 我们引入变量 u 和 v 的多项式 $\varphi_k(u, v)$, 它由以下公式给出:

$$\varphi_k(u, v) = u^k + u^{k-1} v + \cdots + u v^{k-1} + v^k. \qquad (4)$$

于是, 多项式 $\varphi_k(u, v)$ 是所有形如 $u^i v^j$ 的单项式之和, 其中 i 和 j 是满足条件 $i + j = k$ 的非负整数.

多项式 $\varphi_k(u, v)$ 乘以量 u, 即组成多项式

$$\varphi_k(u, v) \cdot u, \tag{5}$$

它是所有形如 $u^{i+1} v^j$ 的单项式之和, 其中 i 和 j 是满足关系式 $i + j = k$ 的非负整数. 因此, 多项式 (5) 是所有形如 $u^p v^q$ 的单项式之和, 其中 p 和 q 是满足关系式

$$p \geqslant 1, \quad p + q = k + 1$$

的非负整数. 由此可见, 除了单项式 v^{k+1}, 多项式 $\varphi_{k+1}(u, v)$ 的其余各项也分别是多项式 (5) 所包含的各项, 所以我们有等式

$$\varphi_k(u, v) \cdot u = \varphi_{k+1}(u, v) - v^{k+1}. \tag{6}$$

同样地, 多项式 $\varphi_k(u, v)$ 乘以 v, 我们得到公式

$$\varphi_k(u, v) \cdot v = \varphi_{k+1}(u, v) - u^{k+1}. \tag{7}$$

等式 (6) 与等式 (7) 相减, 得到

$$\varphi_k(u, v)(u - v) = u^{k+1} - v^{k+1}. \tag{8}$$

在这个等式中用 n 代替 $k + 1$, 所得关系式除以 $u - v$, 就得到一个对我们来说很重要的公式:

$$\frac{u^n - v^n}{u - v} = \varphi_{n-1}(u, v), \tag{9}$$

写给中学生的数学分析

其中 $\varphi_{n-1}(u, v)$ 由公式

$$\varphi_{n-1}(u, v) = u^{n-1} + u^{n-2}v + \cdots + uv^{n-2} + v^{n-1} \quad (10)$$

给出. 应该强调, 这里的 $n \geqslant 1$, 因为 $n = k+1$, 其中 $k \geqslant 0$. 我们指出, 多项式 $\varphi_{n-1}(u, v)$ 正好包含 n 项.

利用公式 (9) 不难计算函数 x^n 的导数. 为此, 根据 §1 (见 §1 (21)) 中的计算法则, 我们应该先组成分式

$$\frac{\xi^n - x^n}{\xi - x}, \quad (11)$$

然后求出这个分式当 $\xi \to x$ 时的极限. 根据代数公式 (9), 我们有

$$\frac{\xi^n - x^n}{\xi - x} = \xi^{n-1} + \xi^{n-2}x + \cdots + \xi x^{n-2} + x^{n-1}, \quad (12)$$

其右边正好包含 n 项. 当 $\xi \to x$ 时取极限, 我们应该在等式 (12) 的右边用 x 代替 ξ, 这时每一项 $\xi^i x^j$ 都变为 x^{n-1}, 因为 $i + j = n - 1$. 于是, 我们得到

$$(x^n)' = \lim_{\xi \to x} \frac{\xi^n - x^n}{\xi - x} = nx^{n-1},$$

所以最后有

$$(x^n)' = nx^{n-1}. \quad (13)$$

在公式 (13) 的证明中, 我们不考虑 $n = 0$ 的情况, 因为公式 (9) 仅当 $n \geqslant 1$ 时才成立. 因此, 我们没有计算函数 $x^0 = 1$ 的导数. 对于常函数 $f(x) = c$, 其中 c 为常数, 计算

其导数最为简单. 我们有

$$\frac{f(\xi) - f(x)}{\xi - x} = \frac{c - c}{\xi - x} = 0,$$

所以

$$c' = 0, \tag{14}$$

即常函数的导数等于零.

在最简单的多项式 x^n 的基础上, 为了考虑一般的多项式 (1), 我们应该给出两个一般的微分法则——两个函数之和的微分法则以及常数与函数之积的微分法则. 如果 $f_1(x)$ 和 $f_2(x)$ 是两个函数, 则有

$$(f_1(x) + f_2(x))' = f_1'(x) + f_2'(x), \tag{15}$$

其文字表述为: 两个函数之和的导数等于各被加函数的导数之和. 其次, 如果 c 是常数, 而 $f(x)$ 是某个函数, 则有

$$(cf(x))' = cf'(x), \tag{16}$$

其文字表述为: 一个常数与一个函数之积的导数等于该常数与该函数的导数之积.

首先证明法则 (15):

$$\begin{aligned}
(f_1(x) + f_2(x))' &= \lim_{\xi \to x} \frac{f_1(\xi) + f_2(\xi) - (f_1(x) + f_2(x))}{\xi - x} \\
&= \lim_{\xi \to x} \left[\frac{f_1(\xi) - f_1(x)}{\xi - x} + \frac{f_2(\xi) - f_2(x)}{\xi - x} \right] \\
&= \lim_{\xi \to x} \frac{f_1(\xi) - f_1(x)}{\xi - x} + \lim_{\xi \to x} \frac{f_2(\xi) - f_2(x)}{\xi - x} \\
&= f_1'(x) + f_2'(x).
\end{aligned}$$

可以类似地证明法则 (16):

$$(cf(x))' = \lim_{\xi \to x} \frac{cf(\xi) - cf(x)}{\xi - x} = \lim_{\xi \to x} c\frac{f(\xi) - f(x)}{\xi - x}$$

$$= c \lim_{\xi \to x} \frac{f(\xi) - f(x)}{\xi - x} = cf'(x).$$

从法则 (15) 和 (16) 可以推出一个总的微分法则. 假设已经给出函数 $f_1(x)$, $f_2(x)$, $\cdots$, $f_m(x)$ 和常数 c_1, c_2, $\cdots$, c_m, 则我们有下列法则:

$$(c_1 f_1(x) + c_2 f_2(x) + \cdots + c_m f_m(x))'$$

$$= c_1 f_1'(x) + c_2 f_2'(x) + \cdots + c_m f_m'(x). \qquad (17)$$

我们用数学归纳法证明这个法则. 当 $m = 1$ 时, 它就是法则 (16). 其次, 根据法则 (15), 我们有

$$(c_1 f_2(x) + c_2 f_2(x) + \cdots + c_m f_m(x))'$$

$$= (c_1 f_1(x) + \cdots + c_{m-1} f_{m-1}(x))' + (c_m f_m(x))'$$

$$= c_1 f_1'(x) + \cdots + c_{m-1} f_{m-1}'(x) + c_m f_m'(x).$$

我们在这里利用了数学归纳法, 即假设该法则对于 $m-1$ 是成立的. 因此, 我们证明了法则 (17).

利用法则 (17), (13) 和 (14) 即可求出多项式 (1) 的导数. 我们有

$$(a_0 x^n + a_1 x^{n-1} + \cdots + a_{n-1} x + a_n)'$$

$$= a_0 (x^n)' + a_1 (x^{n-1})' + \cdots + a_{n-1} (x)' + a_n'$$

$$= na_0 x^{n-1} + (n-1)a_1 x^{n-2} + \cdots + a_{n-1}.$$

于是, 多项式 (1) 的微分法则最后写为

$$(a_0 x^n + a_1 x^{n-1} + \cdots + a_{n-1} x + a_n)'$$
$$= na_0 x^{n-1} + (n-1)a_1 x^{n-2} + \cdots + a_{n-1}. \quad (18)$$

写给中学生的数学分析

§3. 极大值和极小值. 罗尔定理 和拉格朗日公式

　　导数的定义本身带来一种思路, 使导数成为研究函数的好用工具. 例如, 如果已知函数 $f(x)$ 在点 x 的导数 $f'(x)$ 是正的, 则在直观上非常明显的是, 函数 $f(x)$ 在该点附近是递增的. 特别地, 这从导数的几何意义上看显然成立, 因为函数 $f(x)$ 的图像在对应点的切线指向斜上方. 负导数的情况在直观上看也同样明显, 这样的函数 $f(x)$ 在点 x 附近是递减的, 因为函数 $f(x)$ 的图像在对应点的切线指向斜下方. 我们来更准确地说明导数的这些性质.

　　正的导数与负的导数. 我们先来回忆 §1 的公式 (31) 和 (30). 我们有

$$f(\xi) - f(x) = k(\xi)(\xi - x), \tag{1}$$

$$\lim_{\xi \to x} k(\xi) = f'(x). \tag{2}$$

如果 $f'(x) \neq 0$, 则当 ξ 足够接近 x 时, 数 $k(\xi)$ 与 $f'(x)$ 具有同样的符号. 更确切地说, 存在足够小的正数 ε, 使 $k(\xi)$ 与 $f'(x)$ 当

$$|\xi - x| < \varepsilon \tag{3}$$

时具有同样的符号. 等式 (1) 右边的符号取决于其中各因子的符号, 即数 $k(\xi)$ 和 $\xi - x$ 的符号. 为了尽可能简明地阐述

这时出现的所有四种情况, 我们选取数 ξ 的满足条件 (3) 的任意两个值 ξ_1 和 ξ_2, 并且 ξ_1 位于 x 的左边, ξ_2 位于 x 的右边. 于是, 数 ξ_1 和 ξ_2 满足条件

$$x - \varepsilon < \xi_1 < x < \xi_2 < x + \varepsilon. \qquad (4)$$

因为数 $k(\xi)$ 的符号与导数 $f'(x)$ 的符号一致, 再考虑到关系式 (1) 右边符号的各种情况, 我们能够写出以下两个结果:

$$\text{当 } f'(x) > 0 \text{ 时,} \quad f(\xi_1) < f(x) < f(\xi_2), \qquad (5)$$
$$\text{当 } f'(x) < 0 \text{ 时,} \quad f(\xi_1) > f(x) > f(\xi_2). \qquad (6)$$

结果 (5) 和 (6) 可以用语言表述如下:

当 $f'(x) > 0$ 时, 点 x 左边的函数值小于点 x 处的函数值, 而点 x 右边的函数值大于点 x 处的函数值, 即函数在点 x 是递增的;

当 $f'(x) < 0$ 时, 点 x 左边的函数值大于点 x 处的函数值, 而点 x 右边的函数值小于点 x 处的函数值, 即函数在点 x 是递减的.

我们发现, 如果函数在点 x 是递增的, 即它满足不等式 (5), 则比值 $(f(\xi) - f(x))/(\xi - x)$ 是正的, 但当 $\xi \to x$ 时, 该比值尽管始终是正的, 却也可能趋于零, 所以导数在函数递增的点不一定是正的, 它仅仅是非负的,

$$f'(x) \geqslant 0. \qquad (7)$$

同样地, 导数在函数递减的点 x 不一定是负的, 也可能为零,

写给中学生的数学分析

所以在函数递减的点成立不等式

$$f'(x) \leqslant 0. \tag{8}$$

极大值和极小值. 如果一个函数在足够接近点 x 的所有点的值都不大于它在点 x 的值, 我们就说, 这个函数在点 x 有局部极大值. 或者, 更确切地说, 存在一个足够小的正数 ε, 使

$$\text{当 } |\xi - x| < \varepsilon \text{ 时}, \quad f(\xi) \leqslant f(x). \tag{9}$$

同样地, 如果一个函数在足够接近点 x 的所有点的值都不小于它在点 x 的值, 我们就说, 这个函数在点 x 有局部极小值. 更确切地说, 存在一个足够小的正数 ε, 使

$$\text{当 } |\xi - x| < \varepsilon \text{ 时}, \quad f(\xi) \geqslant f(x). \tag{10}$$

通常省略 "局部" 一词, 只说函数的极大值和极小值.

结果表明, 函数 $f(x)$ 在其极大值点和极小值点的导数为零:

$$f'(x) = 0. \tag{11}$$

其实, 函数 $f(x)$ 在其极大值点不可能有正的导数, 否则该函数在点 x 右边的值大于它在点 x 的值 (见 (5)). 同样地, 函数 $f(x)$ 在其极大值点也不可能有负的导数, 否则该函数在点 x 左边的值大于它在点 x 的值 (见 (6)). 于是, 只剩下 $f'(x) = 0$ 这一种可能性, 即等式 (11) 成立.

类似地, 函数 $f(x)$ 在其极小值点不可能有正的导数, 否则该函数在点 x 左边的值小于它在点 x 的值 (见 (5)). 同样地, 函数 $f(x)$ 在其极小值点不可能有负的导数, 否则该函数在点 x 右边的值小于它在点 x 的值 (见 (6)). 于是, 只剩下 $f'(x) = 0$ 这一种可能性, 即等式 (11) 成立.

因此, 为了求出使函数达到极大值或极小值的自变量的值, 应该考虑所有满足等式 (11) 的 x 的值, 然后再逐一分析.

罗尔定理. 如果函数 $f(x)$ 在其自变量取不同值 x_1 和 x_2 时具有相等的函数值, 即等式

$$f(x_1) = f(x_2) \tag{12}$$

成立, 并且函数 $f(x)$ 在整个闭区间 $[x_1, x_2]$ 上都有定义, 则在这个区间上可以找到内点 θ, 使

$$f'(\theta) = 0. \tag{13}$$

术语 "内点" 的含义是, θ 不是闭区间的端点, 它既不等于数 x_1, 也不等于数 x_2, 而介于它们之间.

我们来证明这个结论. 如果函数 $f(x)$ 在整个闭区间 $[x_1, x_2]$ 上是常函数, 则关系式 $f'(\theta) = 0$ 对于该区间的任意一个内点都成立 (见 §2, (14)). 如果函数 $f(x)$ 在闭区间 $[x_1, x_2]$ 上不是常函数, 则在下列两种情况中, 至少有一种成立:

情况 1. 函数 $f(x)$ 在闭区间 $[x_1, x_2]$ 的某些点的值大于它在其端点的值;

情况 2. 函数 $f(x)$ 在闭区间 $[x_1, x_2]$ 的某些点的值小于它在其端点的值.

对于情况 1, 函数 $f(x)$ 在闭区间 $[x_1, x_2]$ 的某个内点 θ 有极大值, 所以等式 (13) 在这个点成立 (见 (11)). 对于情况 2, 函数 $f(x)$ 在闭区间 $[x_1, x_2]$ 的某个内点 θ 达到极小值, 所以等式 (13) 在这个点成立 (见 (11)). 于是, 我们证明了罗尔定理.

下面的拉格朗日公式是罗尔定理的直接推论.

函数有限增量的拉格朗日公式. 如果 x_1 和 x_2 是函数 $f(x)$ 的自变量的两个不同的值, 并且函数 $f(x)$ 在整个闭区间 $[x_1, x_2]$ 上都有定义, 则在闭区间 $[x_1, x_2]$ 的内部存在自变量的值 θ, 使以下等式成立:

$$f(x_2) - f(x_1) = f'(\theta)(x_2 - x_1). \tag{14}$$

为了证明这个结论, 我们构造一个线性辅助函数

$$g(x) = \frac{f(x_2) - f(x_1)}{x_2 - x_1} x \tag{15}$$

并证明, 函数

$$f(x) - g(x) \tag{16}$$

在点 x_1 和 x_2 具有同样的值, 即该函数满足罗尔定理的条件. 其实, 我们有

$$\begin{aligned}
g(x_2) - g(x_1) &= \frac{f(x_2) - f(x_1)}{x_2 - x_1} x_2 - \frac{f(x_2) - f(x_1)}{x_2 - x_1} x_1 \\
&= f(x_2) - f(x_1). \tag{17}
\end{aligned}$$

此外,

$$(f(x_2) - g(x_2)) - (f(x_1) - g(x_1))$$
$$= (f(x_2) - f(x_1)) - (g(x_2) - g(x_1)) = 0 \qquad (18)$$

(见 (17)). 于是,

$$f(x_2) - g(x_2) = f(x_1) - g(x_1), \qquad (19)$$

即函数 (16) 在闭区间 $[x_1, x_2]$ 的两个端点具有同样的值. 因此, 根据罗尔定理, 在闭区间 $[x_1, x_2]$ 上存在内点 θ, 使

$$当\ x = \theta\ 时, \quad (f(x) - g(x))' = 0. \qquad (20)$$

进一步, 我们有

$$g'(x) = \frac{f(x_2) - f(x_1)}{x_2 - x_1}. \qquad (21)$$

从公式 (20) 和 (21) 得到

$$0 = f'(\theta) - g'(\theta) = f'(\theta) - \frac{f(x_2) - f(x_1)}{x_2 - x_1},$$

再用 $x_2 - x_1$ 乘最后一个关系式, 就得到需要证明的关系式 (14). 于是, 我们证明了拉格朗日公式.

拉格朗日公式是研究函数及其图像的有力工具. 下面给出它的两个重要推论.

如果函数 $f(x)$ 在闭区间 $[x_1, x_2]$ $(x_1 < x_2)$ 上的每个点都有正的导数, 只有两个端点是可能的例外, 则函数 $f(x)$ 在整个闭区间 $[x_1, x_2]$ 上是递增的. 更确切地说, 如果 a_1 和

a_2 是自变量在闭区间 $[x_1, x_2]$ 上的两个值, 并且 $a_1 < a_2$, 则

$$f(a_1) < f(a_2). \tag{22}$$

其实, 根据公式 (14), 我们有

$$f(a_2) - f(a_1) = f'(\theta)(a_2 - a_1), \tag{23}$$

并且 θ 是闭区间 $[a_1, a_2]$ 的内点, 因而也是闭区间 $[x_1, x_2]$ 的内点. 因此, 等式 (23) 的右边是正的, 这就证明了结论 (22).

如果函数 $f(x)$ 在闭区间 $[x_1, x_2]$ $(x_1 < x_2)$ 上的每个点都有负的导数, 只有两个端点是可能的例外, 则函数 $f(x)$ 在整个闭区间 $[x_1, x_2]$ 上是递减的. 更确切地说, 如果 a_1 和 a_2 是自变量在闭区间 $[x_1, x_2]$ 上的两个值, 并且 $a_1 < a_2$, 则

$$f(a_2) < f(a_1). \tag{24}$$

其实, 根据公式 (14), 我们有等式 (23), 其中 θ 是闭区间 $[a_1, a_2]$ 的内点, 因而也是闭区间 $[x_1, x_2]$ 的内点. 因此, 等式 (23) 的右边是负的, 这就证明了结论 (24).

二阶导数. 函数 $f(x)$ 的导数 $f'(x)$ 本身也是函数, 所以可以求出其导数 $(f'(x))'$, 它称为函数 $f(x)$ 的二阶导数, 记为 $f''(x)$. 于是,

$$f''(x) = (f'(x))'. \tag{25}$$

$f'(x)$ 和 $f''(x)$ 分别是函数 $f(x)$ 的一阶导数和二阶导数. 可以类似地定义函数 $f(x)$ 的任意阶导数, 但是我们在本书中只使用一阶和二阶导数.

区分极大值和极小值. 函数 $f(x)$ 在 $x = x_0$ 处有极大值或极小值的必要条件是

$$f'(x_0) = 0 \qquad (26)$$

(见 (11)), 但这个等式不是相应的充分条件. 此外, 用这个等式也无法区分极大值和极小值. 结果表明, 充分条件是由二阶导数给出的. 如果

$$f''(x_0) \neq 0, \qquad (27)$$

则当条件 (26) 成立时, 函数 $f(x)$ 在点 $x = x_0$ 或者有极大值, 或者有极小值, 并且利用二阶导数值 $f''(x_0)$ 的符号能够区分极大值和极小值; 如果

$$f''(x_0) < 0, \qquad (28)$$

则有极大值, 而如果

$$f''(x_0) > 0, \qquad (29)$$

则有极小值.

我们来证明这个结论. 如果不等式 (28) 成立, 则函数 $f'(x)$ 的一阶导数 $(f'(x))'$ 是负的. 此外, 当 $x = x_0$ 时, 函数 $f'(x)$ 等于零 (见 (26)). 因此,

$$当 \ x < x_0 \ 时, \quad f'(x) > 0, \qquad (30)$$
$$当 \ x > x_0 \ 时, \quad f'(x) < 0. \qquad (31)$$

于是, 函数 $f(x)$ 当 x 从左边接近 x_0 时是递增的, 当 x 从点 x_0 向右边远离时是递减的, 所以我们有极大值. 类似地, 如果不等式 (29) 成立, 则函数 $f'(x)$ 的一阶导数 $(f'(x))'$ 是正的, 并且当 $x = x_0$ 时, 函数 $f'(x)$ 等于零. 因此,

$$当 \ x < x_0 \ 时, \quad f'(x) < 0, \qquad (32)$$

$$当 \ x > x_0 \ 时, \quad f'(x) > 0. \qquad (33)$$

于是, 函数 $f(x)$ 当 x 从左边接近 x_0 时是递减的, 当 x 从点 x_0 向右边远离时是递增的, 所以我们有极小值.

§4. 函数的研究方法

我们来回忆函数 $f(x)$ 的二阶导数 $f''(x)$ 的定义:

$$f''(x) = (f'(x))' \tag{1}$$

(见 §3 (25)). 函数 $f'(x)$ 和 $f''(x)$ 分别称为函数 $f(x)$ 的一阶导数和二阶导数.

利用 §3 中关于多项式函数的研究结果, 首先考虑函数

$$y = f(x) = x^3 - px, \tag{2}$$

其中 p 是常数. 这个函数的图像 L 称为立方抛物线.

我们首先指出立方抛物线的一些相当特殊但又非常明显的性质. 立方抛物线关于坐标原点是对称的. 其实, 如果点 (x, y) 位于立方抛物线上, 即如果 x 和 y 的值满足方程 (2), 则点 $(-x, -y)$ 也满足这个方程,

$$(-y) = (-x)^3 - p(-x). \tag{3}$$

因此, 点 (x, y) 和它关于坐标原点的对称点 $(-x, -y)$ 都位于曲线 L 上.

此外, 我们求曲线 L 与横坐标轴的交点, 即求方程

$$x^3 - px = 0 \tag{4}$$

的根 (这些根也称为相应多项式的根). 这个方程有三个根:

$$x = 0, \quad x = \pm\sqrt{p}. \tag{5}$$

当 $p < 0$ 时, 后两个根是虚根, 从而没有几何意义 [①]. 当 $p > 0$ 时, 所有的三个根 (5) 各不相同, 所以曲线 L 与横坐标轴有三个交点. 当 $p = 0$ 时, 三个根合并为一个三重根 $x = 0$.

函数 (2) 的导数由公式

$$f'(x) = 3x^2 - p \tag{6}$$

给出. 在 x 取不同值时考虑这个函数的符号, 我们可以把曲线 L 分为函数 $f(x)$ 的递增段和递减段, 并求出极大值点和极小值点. 为了实现这两个目标, 必须求出以下方程的根:

$$f'(x) = 3x^2 - p = 0. \tag{7}$$

当 p 为负数时, 函数 $f'(x)$ (见 (6)) 对于 x 的任何值都是正的, 所以函数 $f(x)$ 在 x 的整个变化区间 $-\infty < x < +\infty$ 上都是递增的.

当 $p = 0$ 时, 函数 $f'(x)$ (见 (6)) 对于 $x \neq 0$ 的所有值都是正的, 所以函数 $f(x)$ 在 $-\infty < x < 0$, $0 < x < +\infty$ 时是递增的. 而因为函数 x^3 在横坐标轴的负半轴上是负的, 在正半轴上是正的, 所以它在 x 从 $-\infty$ 到 $+\infty$ 的整个变化区间上都是递增的.

在点 $x = 0$ 处 $f'(x) = 0$, 函数 $f(x)$ 在该点也是递增的. 因此, 在满足 $f'(x) = 0$ 的点 $x = 0$, 函数 x^3 既没有

[①] 关于多项式虚根的几何意义, 可以参考作者的《初识高等数学: 坐标法》一书.

极大值, 也没有极小值. 由此可见, §3 中的条件 (11) 是函数 $f(x)$ 在点 x 有极大值或极小值的必要条件, 但不是充分条件.

当 p 为正数时, 方程 (7) 有两个根

$$x_1 = -\sqrt{\frac{p}{3}}, \quad x_2 = \sqrt{\frac{p}{3}}. \tag{8}$$

我们应该检验函数 $f(x)$ 在点 x_1 和 x_2 有没有局部极大值或极小值. 点 x_1 和 x_2 把 x 的整个变化区间分为三部分:

$$-\infty < x \leqslant x_1, \quad x_1 \leqslant x \leqslant x_2, \quad x_2 \leqslant x < +\infty. \tag{9}$$

导数 $f'(x)$ 在第一部分上是正的, 在第二部分上是负的, 在第三部分上又是正的, 所以函数 $f(x)$ 在第一部分上是递增的, 在第二部分上是递减的, 在第三部分上是递增的. 由此可见, 点 x_1 是极大值点, 而点 x_2 是极小值点. 因此, 立方抛物线具有依赖于 p 值的三种在本质上不同的形状: 第一种形状对应 $p < 0$, 第二种形状对应 $p = 0$, 第三种形状对应 $p > 0$. 图 2 给出了立方抛物线的这三种形状.

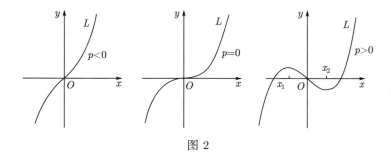

图 2

写给中学生的数学分析

再考虑方程

$$x^3 - px = c. \tag{10}$$

从几何上显然可知, 当 $p < 0$ 时, 这个方程只有一个实根; 当 $p = 0$ 时, 这个方程在 $c \neq 0$ 的情况下同样只有一个实根, 而当 $c = 0$ 时有三重根 $x = 0$; 当 $p > 0$ 时, 方程 (10) 在

$$f(x_2) \leqslant c \leqslant f(x_1) \tag{11}$$

的情况下有三个根, 在 c 取闭区间 (11) 的端点值时有一个单根和一个二重根, 而在 c 取闭区间 (11) 以外的值时只有一个实根.

立方抛物线 (2) 必定通过坐标原点, 它在坐标原点的倾角的正切由公式

$$f'(0) = -p \tag{12}$$

确定, 所以相应切线本身满足方程

$$y = g(x) = -px. \tag{13}$$

这条切线把整个平面分为上下两部分: 满足

$$y^* > -px^* \tag{14}$$

的任意一个点 (x^*, y^*) 都位于直线 (13) 的上方, 而满足

$$y^* < -px^* \tag{15}$$

的任意一个点 (x^*, y^*) 都位于直线 (13) 的下方. 我们来阐明, 立方抛物线上的点 (x, y), 即满足方程 (2) 的点, 位于上述两个半平面中的哪一个. 为此, 我们应该比较以下两个值:

$$x^3 - px, \tag{16}$$

$$-px. \tag{17}$$

显然, 当 $x < 0$ 时, (16) 小于 (17), 而当 $x > 0$ 时, (16) 大于 (17). 于是, 当 $x < 0$ 时, 立方抛物线上的点 (x, y) 满足条件 (15), 从而位于切线的下方, 而当 $x > 0$ 时, 这个点满足条件 (14), 从而位于切线的上方. 因此, 立方抛物线在坐标原点穿过切线, 从切线的一方进入另一方.

曲线在切点穿过切线并从切线的一方进入另一方的现象具有普遍意义, 我们来研究这个现象.

拐点. 设 L 是某函数 $f(x)$ 的图像, a 是曲线 L 上的某点, 其横坐标为 x_0, K 是曲线 L 在点 a 的切线 (图 3). 如果曲线 L 在点 a 穿过切线, 从切线的一方进入另一方, 则点 a 称为曲线 L 的拐点. 结果表明, 拐点满足条件

$$f''(x_0) = 0. \tag{18}$$

我们来证明这个结论. 切线 K 的方程可以写为

$$y = g(x) = f'(x_0)x + y_0, \tag{19}$$

其中 $f'(x_0)$ 是切线 K 对横坐标轴倾角的正切, 而 y_0 是由条件

$$f(x_0) - g(x_0) = 0 \tag{20}$$

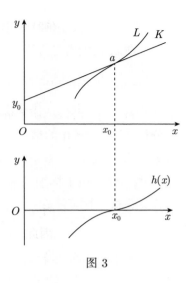

图 3

确定的某个常数, 这个条件表示曲线 L 在点 a 的切线通过点 a. 考虑函数

$$h(x) = f(x) - g(x). \tag{21}$$

这个函数满足两个条件:

$$h(x_0) = 0, \quad h'(x_0) = 0. \tag{22}$$

因此, 函数

$$y = h(x) \tag{23}$$

的图像与横坐标轴在点 $x = x_0$ 相切 (见图 3).

既然 a 是拐点, 所以函数 $h(x)$ 的图像在点 x_0 穿过横坐标轴, 从横坐标轴的一方进入另一方. 我们先用反证法证明 $h''(x_0) = 0$. 其实, 假设 $h''(x_0) > 0$. 因为 $h'(x_0) = 0$, 所

以函数 $h(x)$ 在点 x_0 具有局部极小值 (见 §3 (30)). 于是, 对于所有足够接近 x_0 的 x, 我们有

$$h(x) \geqslant h(x_0) = 0.$$

因此, 函数 $h(x)$ 的图像在点 x_0 不会从横坐标轴的一方进入另一方. 同样可以分析 $h''(x_0) < 0$ 的情况, 这时函数 $h(x)$ 在点 x_0 具有局部极大值, 从而 $h(x) \leqslant h(x_0) = 0$, 所以函数 $h(x)$ 的图像在点 x_0 也不会从横坐标轴的一方进入另一方. 因此, 只剩下 $h''(x_0) = 0$ 这一种可能性.

此外, 我们有

$$0 = h''(x_0) = f''(x_0) - g''(x_0) = f''(x_0), \qquad (24)$$

因为 $g''(x) = 0$. 于是, 我们证明了公式 (18).

不过, 即使这个等式成立, 也不应该认为横坐标为 x_0 的点一定就是函数 $f(x)$ 的图像的拐点. 等式 (18) 不是拐点的充分条件.

现在继续考虑立方抛物线. 计算函数 (2) 的二阶导数, 我们有

$$f''(x) = (x^3 - px)'' = 6x. \qquad (25)$$

我们已经证明了, 坐标原点是立方抛物线 (2) 的拐点. 函数 (2) 的二阶导数表达式 (25) 表明, 坐标原点是立方抛物线唯一的拐点, 因为二阶导数 (25) 仅当 $x = 0$ 时等于零.

下面列出三项任务供读者独立解决. 任务 1 很容易, 任务 2 和任务 3 则是相当有难度的数学问题, 需要投入大量精力才能独立解决.

任务 1. 对于用来给出方程 (2) 的坐标系, 改变坐标轴的长度比例, 即按照以下关系式引入新坐标 x_1 和 y_1 来代替旧坐标 x 和 y:

$$x = kx_1, \quad y = ly_1, \tag{26}$$

其中 k 和 l 是正实数. 给出坐标变换 (26), 使方程 (2) 具有以下三种形式之一:

$$y_1 = x_1^3 - x_1, \quad y_1 = x_1^3, \quad y_1 = x_1^3 + x_1. \tag{27}$$

任务 2. 研究函数

$$y = f(x) = x^3 + a_1 x^2 + a_2 x + a_3. \tag{28}$$

为此需要计算导数 $f'(x)$, 并利用它把 x 的整个变化区间 $-\infty < x < +\infty$ 分为函数 (28) 的递增区间和递减区间, 然后按照关系式

$$x = x_1 + \alpha, \quad y = y_1 + \beta \tag{29}$$

引入新坐标 x_1 和 y_1 来代替旧坐标 x 和 y. 这样的坐标变换表示旧坐标系的平移. 给出平移变换, 使曲线方程在新坐标系中具有形式 (2). 可以用两种方法给出这样的变换: 或者直接凑出 α 和 β 的值, 使所得方程具有形式 (2), 或者求出函数 (28) 的图像 L 的拐点, 然后把坐标原点平移到这个拐点. 求出用旧坐标系中的系数表示新坐标系中的系数 p 的公式

$$p = p(a_1, a_2, a_3). \tag{30}$$

方程

$$f(x) = x^3 + a_1 x^2 + a_2 x + a_3 = 0 \qquad (31)$$

在 $p(a_1, a_2, a_3) < 0$ 时 (见 (30)) 只能有一个实根, 在 $p = 0$ 时或者只有一个实根, 或者有一个三重实根, 而在 $p > 0$ 时可能有三个实根. 阐明方程 (31) 在最后一种情况下有三个实根的条件.

任务 3. 研究函数

$$f(x) = x^4 + b_1 x^3 + b_2 x^2 + b_3 x + b_4 \qquad (32)$$

及其图像. 为此需要计算函数 (32) 的导数 $f'(x)$, 并利用在任务 2 中得到的结果定性说明函数 (32) 的图像可能有哪些性质, 首先是可能的极大值和极小值的数目, 以及该数目与函数 (32) 的系数 b_1, b_2, b_3, b_4 的关系, 最后求出拐点并计算用系数 b_1, b_2, b_3, b_4 表示的拐点坐标.

§5. 三角函数的导数与一些微分法则

我们在本节中首先计算三角函数 $\sin x$ 和 $\cos x$ 的导数, 其中角 x 的计量单位不是度, 而是弧度. 在计算中将利用一个没有给出证明的结论, 其证明显得烦琐且无趣, 但很容易验证它确实成立. 下面给出这个结论.

设 K 是某圆周, a 和 b 是该圆周上不位于同一条直径两端的两个点, 它们之间较短的圆弧 (ab) 的长度记为 $s(ab)$, 而弦 ab 的长度记为 $l(ab)$. 显然,

$$s(ab) > l(ab). \tag{1}$$

我们不加证明地认为, 当点 a 和 b 彼此无限接近时, 即当 $s(ab) \to 0$ 时, 弦长与弧长之比 $l(ab)/s(ab)$ 趋于 1, 即

$$\lim_{s(ab) \to 0} \frac{l(ab)}{s(ab)} = 1. \tag{2}$$

从这个没有给出证明的结论出发, 我们已经可以完全严格地推出将在计算中利用的另一个结论. 为此, 在坐标平面上选取以坐标原点 O 为中心的单位圆周 K (图 4), 并用 O' 表示圆周 K 最右边的点, 即圆周 K 与横坐标正半轴的交点. 从点 O' 向上沿圆周取长度为 $h < \pi/2$ 的圆弧, 其另一个端点记为 b. 同样地, 从点 O' 向下沿圆周取长度为

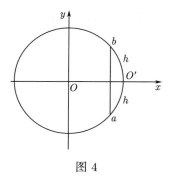

图 4

$h < \pi/2$ 的圆弧, 其另一个端点记为 a. 于是, 我们有

$$l(ab) = 2\sin h, \quad s(ab) = 2h, \tag{3}$$

进而从关系式 (2) 得到

$$\lim_{h \to 0} \frac{\sin h}{h} = \lim_{h \to 0} \frac{2\sin h}{2h} = 1.$$

因此, 我们最后得到需要的关系式

$$\lim_{h \to 0} \frac{\sin h}{h} = 1. \tag{4}$$

我们对正的 h 证明了这个公式, 但它对负的 h 也成立, 因为当 h 的符号变化时, $\sin h$ 的符号也随之变化.

在计算 $\sin x$ 和 $\cos x$ 的导数时, 我们将利用两个著名的三角函数公式

$$\sin \alpha - \sin \beta = 2\sin \frac{\alpha - \beta}{2} \cos \frac{\alpha + \beta}{2}, \tag{5}$$

$$\cos \alpha - \cos \beta = -2\sin \frac{\alpha - \beta}{2} \sin \frac{\alpha + \beta}{2}. \tag{6}$$

对于函数 $\sin x$, 根据导数的定义 (§1 (21)), 我们先来计算函数增量与自变量增量之比. 我们有

$$\frac{\sin \xi - \sin x}{\xi - x} = \frac{\sin \dfrac{\xi - x}{2}}{\dfrac{\xi - x}{2}} \cos \frac{\xi + x}{2}.$$

当 $\xi \to x$ 时取极限并利用 (4), 从这个等式得到

$$\sin' x = \cos x. \tag{7}$$

对于函数 $\cos x$, 我们有

$$\frac{\cos \xi - \cos x}{\xi - x} = -\frac{\sin \dfrac{\xi - x}{2}}{\dfrac{\xi - x}{2}} \sin \frac{\xi + x}{2}.$$

当 $\xi \to x$ 时取极限并利用 (4), 从这个等式得到

$$\cos' x = -\sin x. \tag{8}$$

积和商的导数. 我们已经会求两个函数之和的导数 (见 §2 (15)). 显然, 会求两个函数之积的导数和两个函数之商的导数也是非常重要的. 设 $u(x)$ 和 $v(x)$ 是变量 x 的两个函数, 我们来求 $u(x)v(x)$ 和 $u(x)/v(x)$ 这两个函数的导数.

我们利用导数的定义 (见 §1 (21)) 进行计算. 为了求出两个函数之积的导数, 首先需要写出表达式

$$
\begin{aligned}
u(\xi)&v(\xi) - u(x)v(x) \\
&= u(\xi)v(\xi) - u(x)v(\xi) + u(x)v(\xi) - u(x)v(x) \\
&= (u(\xi) - u(x))v(\xi) + u(x)(v(\xi) - v(x)),
\end{aligned}
$$

从而得到

$$(u(x)v(x))' = \lim_{\xi \to x} \frac{u(\xi)u(\xi) - u(x)v(x)}{\xi - x}$$

$$= \lim_{\xi \to x} \frac{(u(\xi) - u(x))v(\xi)}{\xi - x} + \lim_{\xi \to x} \frac{u(x)(v(\xi) - v(x))}{\xi - x}$$

$$= u'(x)v(x) + u(x)v'(x).$$

于是, 最后得到重要的公式

$$(u(x)v(x))' = u'(x)v(x) + u(x)v'(x). \tag{9}$$

同样地, 为了求出两个函数之商 $u(x)/v(x)$ 的导数, 首先需要写出表达式

$$\frac{u(\xi)}{v(\xi)} - \frac{u(x)}{v(x)} = \frac{u(\xi)v(x) - v(\xi)u(x)}{v(\xi)v(x)}$$

$$= \frac{u(\xi)v(x) - u(x)v(x) + u(x)v(x) - v(\xi)u(x)}{v(\xi)v(x)}$$

$$= \frac{(u(\xi) - u(x))v(x) - (v(\xi) - v(x))u(x)}{v(\xi)v(x)},$$

从而得到

$$\left(\frac{u(x)}{v(x)}\right)' = \lim_{\xi \to x} \frac{\dfrac{u(\xi)}{v(\xi)} - \dfrac{u(x)}{v(x)}}{\xi - x}$$

$$= \lim_{\xi \to x} \frac{\dfrac{u(\xi) - u(x)}{\xi - x}v(x)}{v(\xi)v(x)} - \lim_{\xi \to x} \frac{\dfrac{v(\xi) - v(x)}{\xi - x}u(x)}{v(\xi)v(x)}$$

$$= \frac{u'(x)v(x) - v'(x)u(x)}{(v(x))^2}.$$

于是, 最后得到

$$\left(\frac{u(x)}{v(x)}\right)' = \frac{u'(x)v(x) - u(x)v'(x)}{(v(x))^2}. \qquad (10)$$

函数 tan x 的导数. 我们利用法则 (10) 求这个函数的导数. 其实, 取

$$\tan x = \frac{\sin x}{\cos x},$$

则按照法则 (10) 以及 (7) 和 (8), 我们有

$$(\tan x)' = \frac{\sin' x \cos x - \cos' x \sin x}{\cos^2 x}$$

$$= \frac{\cos^2 x + \sin^2 x}{\cos^2 x} = \frac{1}{\cos^2 x}.$$

于是, 最后得到

$$\tan' x = \frac{1}{\cos^2 x} = 1 + \tan^2 x. \qquad (11)$$

复合函数的导数. 考虑变量 x 的函数 $\varphi(x)$ 和变量 y 的函数 $\psi(y)$, 它们都是给定的函数. 设

$$y = \varphi(x),$$

并把 y 的这个表达式代入函数 $\psi(y)$, 就得到函数

$$f(x) = \psi(y) = \psi(\varphi(x)). \qquad (12)$$

这个新的函数 $f(x)$ 由函数 $\psi(y)$ 和 $\varphi(x)$ 组成, 称为复合函数. 我们的任务是求出复合函数 $f(x)$ 的导数 $f'(x)$. 我们在计算时将利用导数的定义 (见 §1 (21)). 设

$$\eta = \varphi(\xi), \qquad (13)$$

则

$$当 \xi \to x \text{ 时}, \quad \eta \to y. \tag{14}$$

按照 §1 公式 (31),

$$\psi(\eta) - \psi(y) = k(\eta)(\eta - y),$$

并且

$$\lim_{\eta \to y} k(\eta) = \psi'(y).$$

现在, 我们有

$$\frac{f(\xi) - f(x)}{\xi - x} = \frac{k(\eta)(\eta - y)}{\xi - x} = \frac{k(\eta)(\varphi(\xi) - \varphi(x))}{\xi - x}.$$

当 $\xi \to x$ 时取极限, 从这个等式得到

$$f'(x) = \psi'(y)\varphi'(x) = \psi'(\varphi(x))\varphi'(x). \tag{15}$$

因此, 最后得到

$$(\psi(\varphi(x)))' = \psi'(\varphi(x))\varphi'(x). \tag{16}$$

我们来解释这个公式: 为了得到复合函数 $f(x) = \psi(\varphi(x))$ 的导数, 首先应该计算函数 $\psi(y)$ 对变量 y 的导数 $\psi'(y)$, 然后用 $\varphi(x)$ 替换所得表达式中的 y, 最后再乘以 $\varphi'(x)$.

反函数. 在数学及其应用中, 经常需要通过求解方程来确定函数. 最重要的一种情况如下.

设变量 y 的函数 $\psi(y)$ 是给定的, 而方程

$$\psi(y) = x \tag{17}$$

写给中学生的数学分析

给出变量 x 与 y 之间的联系, 并且这个方程可能相对于 y 有解. 因为这个方程包含 x, 所以由此解出的 y 依赖于 x, 从而是 x 的函数, 记为 $\varphi(x)$. 于是, 以下恒等式成立:

$$\psi(\varphi(x)) = x. \tag{18}$$

满足这个恒等式的函数 $\varphi(x)$ 称为函数 $\psi(y)$ 的反函数.

我们来证明, 函数 $\psi(y)$ 是函数 $\varphi(x)$ 的反函数.

为此, 只要把等式 (18) 的左边作为自变量代入函数 $\varphi(x)$, 同时注意到 $\varphi(x) = y$, 就得到

$$\varphi(\psi(y)) = y. \tag{19}$$

根据反函数的定义, 公式 (19) 表明, 函数 $\psi(y)$ 是函数 $\varphi(x)$ 的反函数. 因此, 函数 $\psi(y)$ 与 $\varphi(x)$ 互为反函数.

方程 $\psi(y) = x$ 也可能相对于 y 无解, 例如 $\psi(y)$ 是常数的情况. 在这种情况下, 它并不给出 y 对 x 的函数关系. 方程 (17) 还可能有非单值解, 例如方程 $y^2 = x$ 有两个解: $y = +\sqrt{x}$, $y = -\sqrt{x}$.

我们来阐明方程 (17) 有解并且确定一个函数 $y = \varphi(x)$ 的条件.

假设函数 $\psi(y)$ 的导数在闭区间 $b_1 \leqslant y \leqslant b_2$ 上具有不变的符号, 或者在一个端点处等于零, 而在该区间其余各点具有不变的符号. 取

$$a_1 = \psi(b_1), \quad a_2 = \psi(b_2). \tag{20}$$

如果函数 $\psi(y)$ 的导数在开区间 $b_1 < y < b_2$ 上是正的, 则函数 $\psi(y)$ 在该区间上递增, 所以 $a_1 < a_2$. 在相反的情况

下, 函数 $\psi(y)$ 在该区间上递减, $a_1 > a_2$. 结果表明, 在开区间 (a_1, a_2) 或 (a_2, a_1) 上只存在唯一的反函数 $\varphi(x)$, 使恒等式 (18) 成立. 此外, 函数 $\varphi(x)$ 的导数在上述开区间上处处存在, 仅在其端点 a_1, a_2 上可能等于无穷大. 该导数由以下公式确定:

$$\varphi'(x) = \frac{1}{\psi'(y)} = \frac{1}{\psi'(\varphi(x))}. \tag{21}$$

我们来证明这些结论. 画函数 $x = \psi(y)$ 的图像 L, 但与常规画图方法不同的是, 自变量这时沿纵坐标轴变化, 而函数值 $x = \psi(y)$ 沿横坐标轴变化. 为了用几何方法相对于 y 求解方程 $\psi(y) = x$, 我们应该在开区间 (a_1, a_2) 或 (a_2, a_1) 上选定函数值 x, 通过点 x 画一条平行于纵坐标轴的直线, 它与函数图像 L 相交, 并且只有一个交点, 因为函数 $\psi(y)$ 或者递增, 或者递减. 该交点的纵坐标 $y = \varphi(x)$ 就是方程 $\psi(y) = x$ 相对于 y 的解.

因此, 曲线 L 是函数 $y = \varphi(x)$ 在常规意义下的图像. 因为函数 $\psi(y)$ 是可微的, 所以曲线 L 在其每个点 $a = (x, y)$ 都有切线, 记之为 K. 于是, 函数 $y = \varphi(x)$ 的图像 L 在其每个点 a 也都有切线, 而这意味着, 函数 $\varphi(x)$ 对于每个值 x 都有导数, 除非点 $a = (x, y)$ 处的切线 K 是竖直的. 在切线竖直的情况下, 可以认为导数 $\varphi'(x)$ 为无穷大, 这种情况只能出现在闭区间 $[a_1, a_2]$ 的端点上, 这里 $\psi'(b_1)$ 或 $\psi'(b_2)$ 等于零.

既然已经知道函数 $\varphi(x)$ 有导数, 现在只要认为恒等式 (18) 的左边是复合函数并求出两边对 x 的导数, 就可以计

算 $\varphi(x)$ 的导数. 我们得到

$$\psi'(y)\varphi'(x) = 1,$$

由此推出公式 (21). 因为曲线 L 在点 a 处具有竖直切线 K (平行于 y 轴) 等价于 $\psi'(y) = 0$, 所以由公式 (21) 可知, 导数 $\varphi'(x)$ 仅在

$$\psi'(\varphi(x)) = 0$$

时等于零.

附注. 在构造函数 $\psi(y)$ 的反函数时, 有时会遇到函数 $\psi(y)$ 对于所考虑区间的端点 b_1 和 b_2 中的一个或两个没有定义的情况, 这时不必考虑相应端点. 特别地, 一个或两个端点处的函数值可能是无穷大. 在函数 $\psi(y)$ 的定义域不包含上述一个或两个区间端点的情况下, 为了确定 a_1 和 a_2, 不能使用公式 (20), 而必须考虑函数 $\psi(y)$ 在自变量趋于区间端点时的极限, 并且这时 a_1 和 a_2 中的一个或两个可能是无穷大. 在所有这些情况下, 反函数存在, 公式 (21) 成立.

x 的有理次幂的导数. 我们利用这里得到的结果计算函数

$$y = f(x) = x^r \tag{22}$$

的导数, 其中 r 是有理数. 具体而言, 我们来证明

$$(x^r)' = rx^{r-1}. \tag{23}$$

我们指出, 对于负的 r, 函数 x^r 在 $x = 0$ 时没有定义, 而在 $0 < r < 1$ 时, 该函数的导数在 $x = 0$ 时是无穷大.

我们来证明公式 (23). 首先考虑 r 是负整数的情况. 取 $n = -r$, 这时 n 是正整数. 我们有

$$x^r = \frac{1}{x^n}.$$

这个关系式的右边是一个分式, 计算其导数, 得到

$$(x^r)' = \left(\frac{1}{x^n}\right)' = \frac{1'x^n - nx^{n-1}}{x^{2n}} = -nx^{-n-1} = rx^{r-1}.$$

因此, 对于负整数 r, 我们证明了公式 (23).

设 $r = 1/n$, 其中 n 是不等于 1 的正整数. 按照定义, 函数 $x^{1/n}$ 由公式

$$y = x^{1/n} = +\sqrt[n]{x} \tag{24}$$

给出. 我们指出, 当 n 是偶数时, 右边只在 $x \geqslant 0$ 时有定义, 这时 $y \geqslant 0$; 当 n 是奇数时, 函数 $x^{1/n}$ 对于 x 的全部值都有定义.

函数 (24) 是方程

$$\psi(y) = y^n = x \tag{25}$$

的解, 从而是 y^n 的反函数. 我们利用公式 (21) 来计算它的导数. 对于偶数 n, 我们认为 $y \geqslant 0$, 所以 y 的变化区间是 $0 \leqslant y < \infty$, 而 x 的变化区间是 $0 \leqslant x < \infty$. 导数 $(y^n)' = ny^{n-1}$ 在 y 的上述变化区间上是正的, 只有区间端点 $y = 0$ 是例外. 因此, 反函数 $y = \sqrt[n]{x}$ 存在并且有导数, 导数仅在 $x = 0$ 处是无穷大.

写给中学生的数学分析

对于奇数 n, 我们认为 y 是任意的数, 但是为了证明反函数存在, 我们把整个区间 $-\infty < y < \infty$ 分为 $-\infty < y \leqslant 0$ 和 $0 \leqslant y < \infty$ 这两个区间. 导数 $(y^n)' = ny^{n-1}$ 在每一个区间上都是正的, 只有区间端点 $y = 0$ 是例外, 这里的导数值为零. 因此, 反函数在每一个区间上都存在, 从而对于 x 的全部值都有定义, 其导数对于 x 的全部非零值都存在, 而在 $x = 0$ 处是无穷大. 函数 $\varphi(x) = x^{1/n}$ 的导数可按以下公式计算:

$$(x^{1/n})' = \frac{1}{ny^{n-1}} = \frac{1}{nx^{(n-1)/n}} = \frac{1}{n}x^{1/n-1} = rx^{r-1}.$$

因此, 对于 $r = 1/n$, 我们证明了公式 (23).

现在考虑 $r = p/q$ 的一般情况, 其中 p 是非零整数, 而 q 是正整数. 把函数 $x^r = x^{p/q}$ 看作复合函数, 即在公式 (12) 中取

$$y = \varphi(x) = x^{1/q}, \quad \psi(y) = y^p.$$

根据公式 (16), 我们得到

$$((x^{1/q})^p)' = py^{p-1} \cdot \frac{1}{q}x^{1/q-1} = \frac{p}{q}x^{(p-1)/q}x^{1/q-1}$$
$$= \frac{p}{q}x^{p/q-1} = rx^{r-1}.$$

因此, 对于任意有理数 r[①], 我们证明了公式 (23).

---

① 显然, 公式 (23) 对于 $r = 0$ 也成立.

§6. 不定积分

在数学中, 无论研究哪一种运算, 都会产生其逆运算的问题. 例如, 有了加法, 就要考虑减法; 有了乘法, 就要考虑除法; 有了乘方, 就要考虑开方. 在研究逆运算时出现的两个基本问题是它的存在性和唯一性. 例如, 如果只考虑实数, 就不一定能求平方根, 因为不能求负数的平方根. 同时, 求平方根不是单值运算, 因为在求正数的平方根时, 我们得到一正一负两个根. 现在, 在我们引入了微分运算之后, 也产生了它的逆运算问题. 微分运算的逆运算称为积分运算. 对于积分运算, 我们应该解决两个基本问题——积分运算的存在性问题和唯一性问题. 下面给出准确的数学表述. 如果给出函数 $f(x)$ 及其自变量的变化范围, 并且由同样自变量在同样变化范围内给出的函数 $h(x)$ 满足条件

$$h'(x) = f(x), \tag{1}$$

则函数 $h(x)$ 称为函数 $f(x)$ 的积分或原函数. 从给定的函数 $f(x)$ 得到满足方程 (1) 的函数 $h(x)$ 的运算是微分运算的逆运算, 称为积分运算. 立刻可以看出, 积分运算不是单值的. 具体而言, 如果函数 $h(x)$ 满足方程 (1), 则函数 $h(x) + c$ 也满足同一个方程, 其中 c 是常数. 其实, 我们有

$$(h(x) + c)' = h'(x) + c' = h'(x) + 0 = f(x) \tag{2}$$

(见 §2 (14)). 不过, 结果表明, 积分运算的全部不唯一性归结为相差一个常数. 我们来证明这个结论.

首先证明, 如果函数 $h(x)$ 满足方程

$$h'(x) = 0, \tag{3}$$

则函数 $h(x)$ 是常函数

$$h(x) = c. \tag{4}$$

不过, 这个命题仅在函数 $h(x)$ 的自变量 x 的允许值集是连通集的情况下才成立. 连通的含义是, 如果 x_1 和 x_2 是函数 $h(x)$ 的自变量的任意两个允许值, 则 x_1 与 x_2 之间任意的数都是自变量的允许值. 我们在任何时刻都不应该忘记这个条件. 现在证明, 关系式 (4) 得自关系式 (3). 设 x_1 和 x_2 是函数 $h(x)$ 的自变量的任意两个值. 因为函数 $h(x)$ 的自变量值集是连通的, 所以该函数在整个闭区间 $[x_1, x_2]$ 上都有定义. 因此, 根据拉格朗日公式 (见 §3 (14)), 我们有

$$h(x_2) - h(x_1) = h'(\theta)(x_2 - x_1). \tag{5}$$

因为 $h'(\theta) = 0$ (见 (3)), 所以从关系式 (5) 推出关系式 (4). 现在设两个函数 $h_1(x)$ 和 $h_2(x)$ 满足方程

$$h_1'(x) = f(x), \quad h_2'(x) = f(x), \tag{6}$$

即函数 $h_1(x)$ 和 $h_2(x)$ 是同一个函数 $f(x)$ 的原函数. 我们来证明, 这时关系式

$$h_2(x) = h_1(x) + c \tag{7}$$

成立, 其中 c 是常数. 其实, 取 $h(x) = h_2(x) - h_1(x)$, 则有

$$h'(x) = (h_2(x) - h_1(x))' = h_2'(x) - h_1'(x)$$
$$= f(x) - f(x) = 0,$$

所以函数 $h(x)$ 是常函数. 由此可知, 等式 (7) 成立. 我们在证明中利用了 $h_1(x)$, $h_2(x)$ (因而还有 $f(x)$) 是连通集上的函数的条件. 方程 (1) 的解 $h(x)$ 记为

$$h(x) = \int f(x) \, \mathrm{d}x. \tag{8}$$

公式 (8) 中的符号 $\int$ 读作 "积分". 因为这个公式所给出的函数 $h(x)$ 不是唯一的, 可以相差一个常数, 所以公式右边的积分称为不定积分.

关于在给出函数 $f(x)$ 时求方程 (1) 的解 $h(x)$ 的问题, 我们现在能够对某些具体的函数 $f(x)$ 完全解决, 并且求解方法其实归结为根据 §2—5 中已经给出的公式进行猜测. 例如, 如果函数 $f(x)$ 是多项式

$$f(x) = c_0 x^n + c_1 x^{n-1} + \cdots + c_{n-1} x + c_n, \tag{9}$$

利用 §2 的公式 (18) 就可以求出函数 $h(x)$. 具体而言,

$$h(x) = \int (c_0 x^n + c_1 x^{n-1} + \cdots + c_{n-1} x + c_n) \, \mathrm{d}x,$$
$$= \frac{c_0}{n+1} x^{n+1} + \frac{c_1}{n} x^n + \cdots + \frac{c_{n-1}}{2} x^2 + c_n x + c, \tag{10}$$

其中 c 是任意常数.

同样地, 从 §5 的公式 (8) 和 (7) 推出

$$\int \sin x \, dx = -\cos x + c,$$
$$\int \cos x \, dx = \sin x + c, \tag{11}$$

其中 c 是任意常数.

由 §5 的公式 (11) 推出

$$\int \frac{dx}{\cos^2 x} = \tan x + c, \tag{12}$$

其中 c 是任意常数.

求不定积分有许多不同方法, 但是所有这些方法基本上都归结为猜测. 我们在这里不介绍这些方法, 仅仅给出一个一般法则. 如果已知函数 $f_1(x)$, $f_2(x)$, $\cdots$, $f_m(x)$ 的原函数 $h_1(x)$, $h_2(x)$, $\cdots$, $h_m(x)$, 它们满足关系式 $h_i'(x) = f_i(x)$ $(i = 1, 2, \cdots, m)$, 则对于函数

$$f(x) = c_1 f_1(x) + c_2 f_2(x) + \cdots + c_m f_m(x), \tag{13}$$

其中 c_1, c_2, $\cdots$, c_m 是常数, 我们能够写出不定积分

$$\int f(x) \, dx = c_1 h_1(x) + c_2 h_2(x) + \cdots + c_m h_m(x) + c, \tag{14}$$

其中 c 是任意常数.

我们给出所得结果在一个力学问题中的应用, 它很简单, 但是非常重要.

考虑一个质点沿一条直线的运动. 为了给出这种运动

的数学描述, 我们取这条直线为横坐标轴, 用 $x(t)$ 表示质点在时刻 t 的位置, 并且认为 $x(t)$ 既指质点本身, 又是它的横坐标. 时间 t 的函数 $x(t)$ 完全描述了质点运动对时间的依赖关系. 如果 t 和 τ 是两个时刻, 并且 $t < \tau$, 则质点在时间间隔 $\tau - t$ 内通过的路程为 $x(\tau) - x(t)$, 而质点在时间区间 $[t, \tau]$ 上的平均速度自然由公式

$$\frac{x(\tau) - x(t)}{\tau - t} \tag{15}$$

定义. 值 τ 越接近值 t, 分式 (15) 就越精确地给出时刻 t 的运动速度. 因此, 速度 $v(t)$ 由公式

$$v(t) = \lim_{\tau \to t} \frac{x(\tau) - x(t)}{\tau - t} \tag{16}$$

定义. 这个等式的右边正好是函数 $x(t)$ 对 t 的导数, 所以质点 $x(t)$ 在时刻 t 的运动速度 $v(t)$ 由公式

$$v(t) = x'(t) \tag{17}$$

定义. 如果质点的运动速度 $v(t)$ 不依赖于 t, 即质点以常速度 $v(t) = v$ 运动, 其中 v 是常量, 则应该从方程

$$x'(t) = v \tag{18}$$

求质点 $x(t)$ 的位置. 根据公式 (10), 这个方程的解为

$$x = vt + c, \tag{19}$$

其中 c 是常量. 为了求出这个常量, 我们用 x_0 表示质点 $x(t)$ 在时刻 $t = 0$ 的位置, 然后把 $x_0 = x(0)$ 代入关系式 (19),

就得到

$$x(0) = x_0 = c. \tag{20}$$

因此, 方程 (18) 的解是

$$x(t) = x_0 + vt, \tag{21}$$

其中 x_0 是质点在初始时刻 $t = 0$ 的位置, 而 v 是质点匀速运动的速度. 方程 (21) 描述了速度是 v 的质点的匀速直线运动.

如果质点的运动速度不是常量, 则除了速度, 还要考虑另外一个重要的量——加速度, 它描述速度的变化. 类似于平均速度的定义, 我们在从 t 到 τ 的时间区间上定义平均加速度, 它由公式

$$\frac{v(\tau) - v(t)}{\tau - t} \tag{22}$$

给出. 时刻 τ 越接近时刻 t, 公式 (22) 就越精确地给出质点在时刻 t 的加速度. 因此, 质点在时刻 t 的加速度的精确值 $u(t)$ 由公式

$$u(t) = \lim_{\tau \to t} \frac{v(\tau) - v(t)}{\tau - t} \tag{23}$$

定义. 这个等式右边的量正是函数 $v(t)$ 对自变量 t 的导数 $v'(t)$, 所以

$$u(t) = v'(t). \tag{24}$$

注意到公式 (17), 我们可以改写等式 (24) 为以下形式:

$$u(t) = x''(t) \tag{25}$$

(见 §4 (1)). 因此, 运动质点 $x(t)$ 在时刻 t 的速度是导数 $x'(t)$, 而加速度是二阶导数 $x''(t)$.

广受关注的一种运动是匀加速运动, 即加速度 $u(t)$ 是常量 u 的运动. 在这种情况下,

$$u(t) = u, \tag{26}$$

而质点的运动速度 $v(t)$ 应该从以下方程求出:

$$v'(t) = u. \tag{27}$$

根据公式 (10), 这个方程的解可以写为

$$v(t) = ut + c_1, \tag{28}$$

其中 c_1 是常量. 为了求出这个常量, 我们用 v_0 表示质点 $x(t)$ 在时刻 $t = 0$ 的运动速度, 然后把 $t = 0$ 代入方程 (28), 就得到 $v(0) = v_0 = c_1$. 因此, 方程 (27) 的解 $v(t)$ 可以写为

$$v(t) = v_0 + ut.$$

把 $v(t)$ 改为 $x'(t)$, 我们得到函数 $x(t)$ 的方程

$$x'(t) = v_0 + ut. \tag{29}$$

根据前面的结果 (见 (10)), 这个方程的解是函数

$$x(t) = v_0 t + \frac{u}{2} t^2 + c_2, \tag{30}$$

其中 c_2 是常量. 为了求出这个常量, 我们用 x_0 表示质点 $x(t)$ 在时刻 $t = 0$ 的位置, 再把 $t = 0$ 代入方程 (30), 就得 到 $x(0) = x_0 = c_2$.

因此, 描述匀加速运动的方程是

$$x(t) = x_0 + v_0 t + \frac{ut^2}{2}. \tag{31}$$

§7. 定积分

在数学中, 积分运算的产生不仅关系到它是微分运算的逆运算, 还关系到许多其他问题, 特别是几何图形面积的计算. 为了计算平面曲边图形的面积, 我们引入积分运算, 相应积分这时不再是不定积分, 因为图形的面积具有完全确定的值. 我们在这里研究最简单的面积计算问题, 从而引入定积分.

我们从给定的函数

$$y = f(x) \qquad (1)$$

和它在通常的直角坐标系中的图像 L 出发, 暂时假设整个图像 L 位于横坐标轴上方. 设 u, v 是函数 $f(x)$ 的自变量 x 的任意两个值, 并且 $u < v$, 再分别用 a 和 b 表示图像 L 上具有横坐标 u 和 v 的点. 现在已经自然划分出一个平面区域, 其下边界是横坐标轴上的线段 $[u, v]$, 左边界是纵坐标线 ua, 右边界是纵坐标线 vb, 上边界是图像 L 上的曲线段 $[a, b]$. 我们用 $Q(u, v)$ 表示这个平面区域. 合理想法和应用需求告诉我们, 平面区域 $Q(u, v)$ 具有确定的面积, 记之为 $h(u, v)$. 现在, 选取函数 $f(x)$ 的自变量的两个值 x_0 和 x, 再设

$$h(x_0, x) = h(x), \qquad (2)$$

即用 $h(x)$ 表示相应的面积. 我们之所以使用这样的记号, 是为了强调相应面积是变量 x 的函数. 现在计算这样定义的函数 $h(x)$ 的导数 $h'(x)$. 为此, 在点 x 附近选取函数 (1) 的自变量的某个值 ξ. 为明确起见, 我们认为 $\xi > x$. 为了计算导数 $h'(x)$, 首先应该计算差 $h(\xi) - h(x)$, 即图形 $Q(x_0, \xi)$ 与 $Q(x_0, x)$ 的面积之差, 它等于图形 $Q(x, \xi)$ 的面积. 我们有

$$h(\xi) - h(x) = h(x, \xi). \tag{3}$$

我们不必精确计算图形 $Q(x, \xi)$ 的面积 $h(x, \xi)$, 只给出其估值即可. 为此, 我们引入一些新的记号. 对于函数 $f(x)$ 的自变量的任意两个值 u, v, 设 $\mu(u, v)$ 表示函数 $f(x)$ 在闭区间 $[u, v]$ 上的最小值, $\nu(u, v)$ 表示函数 $f(x)$ 在同一个闭区间 $[u, v]$ 上的最大值; $M(u, v)$ 表示以线段 $[u, v]$ 为底, 以 $\mu(u, v)$ 为高的矩形, $N(u, v)$ 表示以 $[u, v]$ 为底, 以 $\nu(u, v)$ 为高的矩形. 在这些记号下, 当 $u = x$, $v = \xi$ 时, 我们看出, 矩形 $M(x, \xi)$ 位于图形 $Q(x, \xi)$ 之中, 而图形 $Q(x, \xi)$ 本身又位于矩形 $N(x, \xi)$ 之中. 因为矩形 $M(x, \xi)$ 和 $N(x, \xi)$ 的面积分别等于

$$(\xi - x)\mu(x, \xi), \quad (\xi - x)\nu(x, \xi), \tag{4}$$

所以我们得到不等式

$$(\xi - x)\mu(x, \xi) \leqslant h(x, \xi) \leqslant (\xi - x)\nu(x, \xi), \tag{5}$$

即

$$(\xi - x)\mu(x, \xi) \leqslant h(\xi) - h(x) \leqslant (\xi - x)\nu(x, \xi). \tag{6}$$

显然, 当 $\xi \to x$ 时, 我们有

$$\mu(x, \xi) \to f(x), \quad \nu(x, \xi) \to f(x). \tag{7}$$

因此, 用正的 $\xi - x$ 除不等式 (6) 并在 $\xi \to x$ 时取极限, 我们得到

$$f(x) \leqslant \lim_{\xi \to x} \frac{h(\xi) - h(x)}{\xi - x} \leqslant f(x). \tag{8}$$

根据定义,

$$h'(x) = \lim_{\xi \to x} \frac{h(\xi) - h(x)}{\xi - x},$$

所以从公式 (8) 推出

$$h'(x) = f(x). \tag{9}$$

于是, 我们求出了函数 $h(x)$ 的导数, 从而证明了 $h(x)$ 是函数 $f(x)$ 的原函数. 应该再指出函数 $h(x)$ 的一个性质. 当 $x = x_0$ 时, 平面区域 $Q(x_0, x)$ 退化为线段, 其面积因而为零, 即

$$h(x_0) = 0. \tag{10}$$

到目前为止, 全部结论的前提假设是 $x_0 \leqslant x$, 并且函数 $f(x)$ 在闭区间 $[x_0, x]$ 上的图像 L 完全位于横坐标轴上方. 现在必须取消这些假设, 并让函数 $h(x)$ 满足条件 (9) 和 (10).

如果函数 $f(x)$ 在闭区间 $[x_0, x]$ 上的图像的一部分位于横坐标轴上方, 一部分位于其下方, 我们就把图像分为

L_+ 和 L_- 这两部分, 前者位于横坐标轴上方, 后者位于其下方, 并且每一部分图像都可能由若干段曲线组成. 用 $h_+(x)$ 表示曲线 L_+ 与横坐标轴之间区域的面积, 用 $h_-(x)$ 表示横坐标轴与曲线 L_- 之间区域的面积. 现在, 如果仍然假设 $x_0 < x$, 则取

$$h(x) = h_+(x) - h_-(x). \tag{11}$$

如果假设 $x_0 > x$, 则面积 $h_+(x)$ 和 $h_-(x)$ 的定义与 $x_0 < x$ 的情况完全相同, 但是函数 $h(x)$ 由以下公式给出:

$$h(x) = -(h_+(x) - h_-(x)). \tag{12}$$

面积在本质上是正的, 但是用公式 (11) 和 (12) 定义的面积是代数意义上的面积, 即带有正号或负号的面积, 与相应区域在横坐标轴的上方或下方有关. 只要稍微细心一些, 就可以没有任何困难地证明, 重新定义的函数 $h(x)$ 仍然具有性质 (9) 和 (10). 于是, 对于任何函数 $f(x)$, 我们求出了它的原函数 $h(x)$, 并且该原函数满足附加条件 (10).

函数 $f(x)$ 的原函数 $h(x)$ 的这种构造方法使我们确信, 函数 $h(x)$ 是存在的, 因为关于图形面积存在的想法是合理的. 尽管如此, 这种方法还不能帮助我们计算面积, 甚至利用电子计算机也无济于事. 我们将在稍后给出函数 $h(x)$ 的计算方法, 现在证明, 上述结论已经足以给出一些成果. 只要能够猜测函数 $f(x)$ 的某个原函数 $h_1(x)$, 就能够计算平面区域 $Q(x_0, x)$ 的面积 $h(x)$. 于是, 假设我们用某种方法

求出了满足条件

$$h_1'(x) = f(x) \tag{13}$$

的函数 $h_1(x)$. 在 §6 的公式 (7) 中用函数 $h(x)$ 取代函数 $h_2(x)$, 得到等式

$$h(x) = h_1(x) + c, \tag{14}$$

其中 c 是常数. 为了求出这个常数, 用 x_0 取代该等式中的 x, 再利用公式 (10), 就得到

$$0 = h(x_0) = h_1(x_0) + c.$$

由此可知 $c = -h_1(x_0)$, 所以

$$h(x) = h_1(x) - h_1(x_0). \tag{15}$$

这个公式是一个重要结果, 它用函数 $f(x)$ 的任意一个原函数 $h_1(x)$ 表示图形 $Q(x_0, x)$ 的面积 $h(x)$. 函数 $h(x)$ 本身称为函数 $f(x)$ 的定积分, 记为

$$h(x) = \int_{x_0}^{x} f(t)\,\mathrm{d}t, \tag{16}$$

其中 x_0 称为积分下限, x 称为积分上限, 而 t 称为积分变量. 函数 $h(x)$ 依赖于给定的函数 $f(x)$ 和积分限 x_0 及 x, 但完全不依赖于积分变量, 更确切地说, 不依赖于积分变量的记号, 所以可以用任意字母表示积分变量. 例如, 我们可以写出

$$h(x) = \int_{x_0}^{x} f(\tau)\,\mathrm{d}\tau.$$

定积分是积分和序列的极限. 现在转而考虑平面区域 $Q(x_0, x)$ 的面积 $h(x)$ 的近似计算方法. 我们在这里重新认为 $x_0 < x$, 并且函数 $f(x)$ 在闭区间 $[x_0, x]$ 上的图像位于横坐标轴上方. 用点

$$x_0 < x_1 < x_2 < \cdots < x_n = x \qquad (17)$$

分割闭区间 $[x_0, x]$. 如果每一个这样分割出来的区间的长度都小于 δ, 即如果条件

$$x_i - x_{i-1} < \delta \quad (i = 1, 2, \cdots, n) \qquad (18)$$

成立, 我们就说, 闭区间 $[x_0, x]$ 的分割 (17) 具有细度 δ. 沿用前面对闭区间 $[u, v]$ 引入的记号, 但现在用于闭区间 $[x_{i-1}, x_i]$, 从而构成两个和

$$M = (x_1 - x_0)\mu(x_0, x_1) + (x_2 - x_1)\mu(x_1, x_2) + \cdots$$
$$+ (x_n - x_{n-1})\mu(x_{n-1}, x_n), \qquad (19)$$
$$N = (x_1 - x_0)\nu(x_0, x_1) + (x_2 - x_1)\nu(x_1, x_2) + \cdots$$
$$+ (x_n - x_{n-1})\nu(x_{n-1}, x_n). \qquad (20)$$

和 (19) 是所有矩形

$$M(x_{i-1}, x_i) \quad (i = 1, 2, \cdots, n) \qquad (21)$$

的面积之和, 而和 (20) 是所有矩形

$$N(x_{i-1}, x_i) \quad (i = 1, 2, \cdots, n) \qquad (22)$$

的面积之和. 所有矩形 (21) 的并集位于平面区域 $Q(x_0, x)$ 的内部, 而所有矩形 (22) 的并集包含 $Q(x_0, x)$. 因此, 我们有不等式

$$M \leqslant h(x) \leqslant N. \tag{23}$$

M 和 N 的值依赖于点列 (17), 即依赖于闭区间 $[x_0, x]$ 的分割方法. 可以比较简单但是相当烦琐地证明, 当分割 (17) 无限细化时, 即当 $\delta \to 0$ 时, $N - M$ 也趋于零. 这表明, M 和 N 的值是面积 $h(x)$ 的近似值. 在计算 M 和 N 的值时, 我们应该求出函数 $f(x)$ 在所有分割区间上的最大值和最小值, 这带来某种不便, 但是可以用以下方法简化. 在每一个闭区间 $[x_{i-1}, x_i]$ 上选取任意的点 ξ_i, 再组成和

$$\begin{aligned} P = {} & (x_1 - x_0)f(\xi_1) + (x_2 - x_1)f(\xi_2) + \cdots \\ & + (x_n - x_{n-1})f(\xi_n). \end{aligned} \tag{24}$$

因为不等式

$$\mu(x_{i-1}, x_i) \leqslant f(\xi_i) \leqslant \nu(x_{i-1}, x_i) \tag{25}$$

显然成立, 所以我们有不等式

$$M \leqslant P \leqslant N. \tag{26}$$

因为 M 和 N 的值在 $\delta \to 0$ 时彼此无限接近, 所以 $h(x)$ 和 P 的值在分割 (17) 无限细化时也彼此无限接近. 因此, 利用和 (24) 可以近似计算面积 $h(x)$. 这就是区域 $Q(x_0, x)$ 的面积的计算方法, 该方法也能用作面积概念的逻辑定义.

写给中学生的数学分析

§8. 收敛准则

现在, 我们给出用 §7 公式 (16) 计算面积的一个非常简单的例子, 并引入一个与此相关的用于判断极限存在的重要检验法.

考虑由公式

$$f(x) = \frac{1}{x^2} = x^{-2} \qquad (1)$$

给出的函数, 设 x 是正数. 根据 §5 公式 (23), 函数 $-x^{-1}$ 是函数 x^{-2} 的原函数. 其实, $-(x^{-1})' = x^{-2} = 1/x^2$. 因此, 根据 §7 公式 (16), 由函数 (1) 给出的区域 $Q(x_0, x)$ 的面积可用以下公式计算:

$$h(x) = \int_{x_0}^{x} \frac{\mathrm{d}t}{t^2} = -\left(\frac{1}{x} - \frac{1}{x_0} \right),$$

即

$$h(x) = \frac{1}{x_0} - \frac{1}{x}. \qquad (2)$$

因为 $x > x_0$, 所以 $h(x) > 0$. 这里重点强调一个饶有趣味的结论: 当 x 无限增大时, 关系式 (2) 的右边趋于极限 $1/x_0$. 关于这个结论, 我们的理解应该是: 纵坐标线 $x_0 a_0$, 横坐标轴和曲线

$$y = \frac{1}{x^2}$$

之间的区域虽然是无限延伸的, 却具有有限的面积①. 相应公式为

$$\int_{x_0}^{\infty} \frac{\mathrm{d}t}{t^2} = \frac{1}{x_0}. \tag{3}$$

这个有些奇怪的现象还关系到另一个相当重要的现象, 我们立刻加以介绍.

设 k 是正整数, 组成整数列

$$x_0 = k, \ x_1 = k+1, \ \cdots, \ x_i = k+i, \ \cdots, \ x_n = k+n = x. \tag{4}$$

这个整数列把积分区间 $[x_0, x]$ 分割为长度为 1 的区间. 对于闭区间 $[x_0, x]$ 的这个分割和函数 (1), 我们组成和 M (见 §7 (19)), 并且应该注意, 函数 $f(x)$ 在闭区间 $[x_{i-1}, x_i]$ 上的最小值是在其右端点上达到的, 它等于 $1/x_i^2$:

$$\mu(x_{i-1}, x_i) = \frac{1}{x_i^2} = \frac{1}{(k+i)^2}. \tag{5}$$

在上述情况下, 数 M 依赖于尚未固定的正整数 k 和 n, 所以我们记之为 $M(k, n)$. 根据 §7 公式 (19), 我们得到它的表达式

$$M = M(k, n) = \frac{1}{(k+1)^2} + \frac{1}{(k+2)^2} + \cdots + \frac{1}{(k+n)^2}. \tag{6}$$

---

① 作为对比, 如果把函数 $y = 1/x^2$ 改为 $y = 1/x$, 则同样无限延伸的相应区域的面积是无穷大!

利用 §7 (23) 的第一个不等式, 我们在上述情况下得到

$$M(k,\, n) \leqslant \int_k^{k+n} \frac{\mathrm{d}t}{t^2} = \frac{1}{k} - \frac{1}{k+n}. \tag{7}$$

现在取

$$k = 1, \quad p = n + 1, \quad s_p = 1 + M(1,\, p), \tag{8}$$

我们就得到 s_p 的表达式

$$s_p = \frac{1}{1^2} + \frac{1}{2^2} + \frac{1}{3^2} + \cdots + \frac{1}{p^2} \leqslant 1 + 1 - \frac{1}{p} = 2 - \frac{1}{p}. \tag{9}$$

由此可知, s_p 的值总是满足不等式

$$s_p \leqslant 2. \tag{10}$$

由公式 (9) 可见, s_p 的值随 p 的增大而增大, 但是在这个增大过程中仍然是有限的, 总是小于 2. 合理的想法告诉我们, 当 p 无限增大时, s_p 的值既然是有限的, 就应该趋于某一个确定的数 s. 我们可以把这个命题写为以下形式:

$$\lim_{p \to \infty} s_p = s. \tag{11}$$

收敛准则. 我们不加证明地认为以下命题成立.

设正整数 p 的某个函数 $\sigma(p)$ 满足以下两个条件: 函数 $\sigma(p)$ 随 p 的增大而增大, 即满足条件

$$\sigma(p+1) > \sigma(p) \quad (p = 1,\, 2,\, \cdots); \tag{12}$$

对于 p 的所有的值, $\sigma(p)$ 是有界的, 即满足条件

$$\sigma(p) < c, \tag{13}$$

其中 c 是不依赖于 p 的常数. 那么, 当 p 无限增大时, $\sigma(p)$ 的值无限接近某个数 σ. 这个命题可以写为以下形式:

$$\lim_{p \to \infty} \sigma(p) = \sigma. \tag{14}$$

现在, 我们能够把关系式 (9) 表述为以下形式. 考虑无穷多项之和 (称为级数或无穷级数)

$$\frac{1}{1^2} + \frac{1}{2^2} + \cdots + \frac{1}{i^2} + \cdots. \tag{15}$$

因为这个级数各项的有限和 s_p (见 (9)) 满足收敛准则的条件, 所以我们认为无穷级数 (15) 的和存在并由以下公式给出:

$$s = \lim_{p \to \infty} s_p. \tag{16}$$

我们说, 无穷级数 (15) 收敛, 其和为 s.

如果正整数 p 和 q 满足

$$p < q, \tag{17}$$

则从公式 (6), (7) 和 (9) 推出

$$s_q = s_p + M(p, q - p), \tag{18}$$

并且

$$M(p, q - p) \leqslant \frac{1}{p}. \tag{19}$$

因此, 我们有

$$s_q - s_p \leqslant \frac{1}{p}. \tag{20}$$

当 $q \to \infty$ 时取极限, 从这个关系式得到

$$s - s_p \leqslant \frac{1}{p}. \tag{21}$$

由此看出, s 的值可由 s_p 的值给出, 精确到相差不超过 $1/p$. 因此, s_p 是 s 的近似值, 其误差也是已知的.

我们在代数中已经研究过无穷级数的和, 具体而言, 我们研究过无穷几何数列的和

$$s = w + wv + wv^2 + \cdots + wv^i + \cdots.$$

在 $|v| < 1$ 的情况下, 这个数列的和存在并等于

$$\frac{w}{1 - v}. \tag{22}$$

因此, 我们已经遇到过无穷级数求和的问题, 并且能够计算它的和 (22).

无穷级数 (15) 也有和, 但我们不能像几何数列的和那样用代数公式的形式表示它. 我们只能确信, 由它的前面若干项组成的有限和 s_p 是这个级数的和 s 的近似值, 并且我们知道这个近似值的精度 (见 (21)). 既然能够求出数 s 的任意接近的近似值, 就应该认为数 s 对我们是已知的. 我们在研究数 π 时已经遇到过这样的现象, 因为可以在任何精度下计算 π, 但是不能用任何代数公式给出这个数.

对于由等式 (16) 给出的数 s, 情况也同样如此. 数 s_p 是它的近似值.

§9. 牛顿二项式公式与
几何数列的和

这里证明本节标题中提到的代数公式, 它们将用于 §10.

牛顿二项式公式. 为了写出并证明通常所说的牛顿二项式公式, 首先需要回忆正整数 n 的函数 $n!$, 它由公式

$$n! = 1 \cdot 2 \cdot 3 \cdot \cdots \cdot n \tag{1}$$

给出. 因此, $n!$ (读作: n 的阶乘) 是从 1 到 n 的所有连续正整数之积. 我们有

$$1! = 1, \quad 2! = 1 \cdot 2 = 2, \quad 3! = 1 \cdot 2 \cdot 3 = 6,$$
$$4! = 1 \cdot 2 \cdot 3 \cdot 4 = 24.$$

为了方便, 取

$$0! = 1. \tag{2}$$

牛顿二项式公式具有以下形式:

$$(u + v)^n = \sum_{\substack{i,\, j \\ i+j=n}} \frac{n!}{i!\, j!} u^i v^j, \tag{3}$$

其右边是形如

$$\frac{n!}{i!\, j!} u^i v^j \tag{4}$$

的所有项之和, 其中 $i + j = n$, 并且 i 和 j 是非负整数. 我们用数学归纳法证明这个公式. 具体而言, 首先确认它在 $n = 1$ 时成立, 然后证明, 它如果在幂指数等于 n 时成立, 则在幂指数等于 $n + 1$ 时也成立.

对于 $n = 1$, 我们有

$$(u + v)^1 = u + v = \frac{u}{1! \, 0!} + \frac{v}{0! \, 1!}, \tag{5}$$

所以公式 (3) 成立.

为了完成数学归纳, 我们用 $u + v$ 乘等式 (3), 则在左边得到 $(u + v)^{n+1}$, 而在右边得到包含乘积 $u^p v^q$ 的各相加项, 其中 $p + q = n + 1$. 在相加项 (4) 乘以 $u + v$ 后, 我们在

$$i = p - 1, \; j = q \quad 和 \quad i = p, \; j = q - 1$$

的情况下得到包含乘积 $u^p v^q$ 的相加项, 并且 $u^p v^q$ 在第一种情况下来自 (4) 乘以 u, 而在第二种情况下来自 (4) 乘以 v. 因此, 在等式 (3) 右边的和与 $u + v$ 之积中, 我们得到带有系数

$$\frac{n!}{(p - 1)! \, q!} + \frac{n!}{p! \, (q - 1)!} \tag{6}$$

的项 $u^p v^q$. 在两个分式之和 (6) 中, 第一个分式的分子和分母都乘以 p, 第二个分式的分子和分母都乘以 q, 则 (6) 的形式变为

$$\frac{n! \, p}{p! \, q!} + \frac{n! \, q}{p! \, q!} = \frac{n! \, (p + q)}{p! \, q!} = \frac{(n + 1)!}{p! \, q!}. \tag{7}$$

因此, 我们最后得到

$$(u + v)^{n+1} = \sum_{\substack{p,\, q \\ p+q=n+1}} \frac{(n+1)!}{p!\, q!} u^p v^q. \tag{8}$$

综上所述, 我们用数学归纳法证明了公式 (3).

公式 (3) 中的系数

$$\frac{n!}{i!\, j!} \tag{9}$$

通常写为另外一种形式. 为此, 取 $j = k$, $i = n - k$, 并约去分数 (9) 的公因子 $(n - k)!$. 其实, 我们有

$$\frac{n!}{(n-k)!} = n(n-1)\cdots(n-k+1), \tag{10}$$

所以

$$\frac{n!}{(n-k)!\, k!} = \frac{n(n-1)\cdots(n-k+1)}{k!}. \tag{11}$$

因此, 公式 (3) 可以改写为

$$(u+v)^n = u^n + \frac{n}{1!}u^{n-1}v + \frac{n(n-1)}{2!}u^{n-2}v^2 + \cdots$$
$$+ \frac{n(n-1)\cdots(n-k+1)}{k!}u^{n-k}v^k + \cdots + v^n. \tag{12}$$

我们再重新推导一个著名的代数公式.

几何数列的和. 设

$$g_m = w + wv + wv^2 + \cdots + wv^m. \tag{13}$$

这个等式的右边同时乘以并除以 $1-v$, 利用 §2 的公式 (9) 并取 $u=1$, 就得到

$$g_m = w\frac{1-v^{m+1}}{1-v}. \tag{14}$$

在下文中, 我们仅在

$$0 < v < 1, \quad w > 0$$

的情况下使用这个公式, 这时由此可知

$$g_m < \frac{w}{1-v}. \tag{15}$$

§10. 函数 e^x

在本节中, 我们首先用一种非常精妙的方法严格定义函数 e^x, 其中 x 是可以取任意实数值的变量, 而 e 是在数学中鼎鼎有名的一个重要的数

$$\mathrm{e} = 2.71828\cdots.$$

我们从研究函数

$$\omega_n(x) = \left(1 + \frac{x}{n}\right)^n \tag{1}$$

开始探讨, 其中 n 是正整数. 这样定义的函数 $\omega_n(x)$ 是 x 的 n 次多项式. 我们首先证明, 对于每个确定的 x, 函数 $\omega_n(x)$ 的值当 $n \to \infty$ 时趋于某个确定的极限, 记之为 $\exp(x)$, 即

$$\lim_{n\to\infty} \omega_n(x) = \exp(x). \tag{2}$$

仔细研究由这个关系式定义的函数 $\exp(x)$, 我们得到的结论是

$$\exp(x) = \mathrm{e}^x. \tag{3}$$

关于函数 $\omega_n(x)$ 的研究. 对等式 (1) 的右边使用 §9 公式 (12) 并取 $u = 1$, $v = x/n$, 就得到

$$\omega_n(x) = 1 + \frac{n}{1!}\frac{x}{n} + \cdots + \frac{n(n-1)\cdots(n-k+1)}{k!}\frac{x^k}{n^k} + \cdots.$$

$$\tag{4}$$

在这个公式中改写 x^k 的系数, 我们有

$$\frac{n(n-1)\cdots(n-k+1)}{k!\,n^k} = 1\left(1-\frac{1}{n}\right)\cdots\left(1-\frac{k-1}{n}\right)\frac{1}{k!}.$$
$$(5)$$

设

$$\gamma_n(k) = 1\left(1-\frac{1}{n}\right)\cdots\left(1-\frac{k-1}{n}\right), \qquad (6)$$

则公式 (4) 可以改写为

$$\omega_n(x) = 1 + \gamma_n(1)\frac{x}{1!} + \cdots + \gamma_n(k)\frac{x^k}{k!} + \cdots. \qquad (7)$$

$\gamma_n(k)$ 具有以下性质:

$$\gamma_n(1) = 1; \qquad (8)$$

$$\text{当 } 1 < k \leqslant n \text{ 时, } \quad 0 < \gamma_n(k) < \gamma_{n+1}(k) < 1; \qquad (9)$$

$$\text{当 } k > n \text{ 时, } \quad \gamma_n(k) = 0.$$

从公式 (7) 和不等式 (9) 可知,

$$\text{当 } x > 0 \text{ 时, } \quad \omega_n(x) < \omega_{n+1}(x). \qquad (10)$$

现在让 x 取固定值 (不一定是正数), 并选取足够大的正整数 p, 使 $|x| < p+1$, 即让

$$\frac{|x|}{p+1} < 1 \qquad (11)$$

成立, 则当 $k > p$ 时, 我们有

$$\frac{\gamma_n(k)}{k!}|x|^k < \frac{|x|^k}{k!} = \frac{|x|^p}{p!} \cdot \frac{|x|}{p+1} \cdot \frac{|x|}{p+2} \cdot \cdots \cdot \frac{|x|}{k}$$
$$< \frac{|x|^p}{p!} \frac{|x|^{k-p}}{(p+1)^{k-p}}. \qquad (12)$$

我们把求和表达式 (7) 改写为两项之和的形式:

$$\omega_n(x) = s_n(p, x) + r_n(p, x), \tag{13}$$

其中

$$s_n(p, x) = 1 + \gamma_n(1)\frac{x}{1!} + \cdots + \gamma_n(i)\frac{x^i}{i!} + \cdots + \gamma_n(p)\frac{x^p}{p!}, \tag{14}$$

$$r_n(p, x) = \gamma_n(p+1)\frac{x^{p+1}}{(p+1)!} + \cdots + \gamma_n(k)\frac{x^k}{k!} + \cdots, \tag{15}$$

这里 $i \leqslant p$, $k > p$.

根据公式 (12), 我们得到不等式

$$|r_n(p, x)| < \frac{|x|^p}{p!}\left[\frac{|x|}{p+1} + \frac{|x|^2}{(p+1)^2} + \cdots + \frac{|x|^{k-p}}{(p+1)^{k-p}} + \cdots\right]$$

$$= \frac{|x|^p}{p!}\frac{|x|/(p+1)}{1 - |x|/(p+1)} = \frac{|x|^p}{p!}\frac{|x|}{p+1-|x|}$$

(见 §9 (15) 和本节 (11)), 所以最后得到

$$当 \ |x| < p+1 \ 时, \quad |r_n(p, x)| < \frac{|x|^p}{p!}\frac{|x|}{p+1-|x|}. \tag{16}$$

由此可见, 当 n 无限增大时, $|r_n(p, x)|$ 的值仍然是有界的, 所以不等式

$$\omega_n(x) < c(x) \tag{17}$$

成立, 式中的 $c(x)$ 依赖于 x, 但与 n 无关. 因此, 当 $x > 0$ 时, 根据不等式 (10) 和 (17), $\omega_n(x)$ 的值随着 n 的无限增大而增大, 但仍然是有界的, 所以它的极限存在 (见 §8), 我们

写给中学生的数学分析

因而能够写出

$$当 \ x > 0 \ 时, \quad \exp(x) = \lim_{n \to \infty} \omega_n(x).$$

$|x| \leqslant 1$ 的情况. 在这种情况下, 我们可以认为 $p = 1$, 因为当 $|x| \leqslant 1$ 时, 不等式 (11) 在 $p = 1$ 的条件下成立. 于是, 公式 (13) 可以改写为

$$\omega_n(x) = 1 + x + r_n(1, \, x),$$

其中

$$|r_n(1, \, x)| < |x| \frac{|x|}{2 - |x|} \leqslant |x|^2.$$

因此, 当 $|x| \leqslant 1$ 时, 我们最后有

$$\omega_n(x) = 1 + x + r_n(1, \, x), \quad 其中 \ |r_n(1, \, x)| < x^2. \quad (18)$$

现在设

$$\xi_1, \ \xi_2, \ \cdots, \ \xi_n, \ \cdots \quad (19)$$

是某个收敛于零的数列. 我们来研究 $\omega_n(\xi_n)$. 因为当 n 足够大时 $|\xi_n| < 1$, 所以当 n 足够大时, 公式 (18) 对 $\omega_n(\xi_n)$ 成立, 即

$$\omega_n(\xi_n) = 1 + \xi_n + r_n(1, \, \xi_n),$$

其中

$$|r_n(1, \, \xi_n)| < \xi_n^2.$$

由此推出最后结论:

$$如果 \ \lim_{n \to \infty} \xi_n = 0, \ 则 \ \lim_{n \to \infty} \omega(\xi_n) = 1. \quad (20)$$

现在研究函数 $\omega_n(x)$ 的自变量 x 是负数的情况. 为此, 仍然认为 x 是正数, 考虑函数

$$\omega_n(-x). \tag{21}$$

取两个函数之积 $\omega_n(-x)\omega_n(x)$, 则有

$$\omega_n(-x)\omega_n(x) = \left(1 - \frac{x^2}{n^2}\right)^n = \omega_n(\xi_n), \tag{22}$$

其中

$$\xi_n = -\frac{x^2}{n}.$$

因为

$$\lim_{n\to\infty} \xi_n = 0,$$

所以

$$\lim_{n\to\infty} \omega_n(\xi_n) = 1 \tag{23}$$

(见 (20)). 根据公式 (22), 我们有

$$\omega_n(-x) = \frac{\omega_n(\xi_n)}{\omega_n(x)},$$

并且当 $n \to \infty$ 时, 这个等式右边的分子和分母都有确定的极限, 从而得到

$$\lim_{n\to\infty} \omega_n(-x) = \frac{\lim\limits_{n\to\infty} \omega_n(\xi_n)}{\lim\limits_{n\to\infty} \omega_n(x)} = \frac{1}{\exp(x)}.$$

于是, 我们证明了, 当 x 是正数时, 函数 $\omega_n(-x)$ 趋于确定的极限, 并且可以认为

$$\lim_{n\to\infty} \omega_n(-x) = \exp(-x),$$

而

$$\exp(-x) = \frac{1}{\exp(x)}. \tag{24}$$

我们同时证明了函数 $\exp(x)$ 的一个重要性质, 即

$$\exp(-x)\exp(x) = 1, \tag{25}$$

其中 $x > 0$. 如果把 $-x$ 改为 x, 就得到公式

$$\exp(x)\exp(-x) = 1, \tag{26}$$

其中 x 已经是负数. 此外, 我们指出, 当 $x = 0$ 时 $\omega_n(x) = 1$, 所以按照定义,

$$\exp(0) = 1. \tag{27}$$

于是, 对于 x 的全部值, 我们得到一个很重要的关系式

$$\exp(x)\exp(-x) = 1. \tag{28}$$

综上所述, 我们证明了, 对于 x 的任意值, 当 $n \to \infty$ 时, $\omega_n(x)$ 的值趋于确定的极限, 从而可以取

$$\exp(x) = \lim_{n \to \infty} \omega_n(x). \tag{29}$$

从公式 (18) 可知, 当 $|x| \leqslant 1$ 时, 我们有

$$\exp(x) = 1 + x + r(x), \quad \text{其中 } |r(x)| < x^2. \tag{30}$$

函数 $\exp(x)$ 的基本性质. 结果表明, 函数 $\exp(x)$ 具有以下重要性质. 设 x 和 y 是两个实数, 我们有关系式

$$\exp(x)\exp(y) = \exp(x + y). \tag{31}$$

为了证明这个重要的等式，我们写出函数 $\omega_n(x)$ 与 $\omega_n(y)$ 之积，从而得到

$$\omega_n(x)\omega_n(y) = \left(1 + \frac{x}{n}\right)^n \left(1 + \frac{y}{n}\right)^n = \left(1 + \frac{x+y}{n} + \frac{xy}{n^2}\right)^n.$$
(32)

我们有

$$1 + \frac{x+y}{n} + \frac{xy}{n^2} = \left(1 + \frac{x+y}{n}\right)\left(1 + \frac{xy}{n(n+x+y)}\right)$$
$$= \left(1 + \frac{x+y}{n}\right)\left(1 + \frac{\xi_n}{n}\right),$$
(33)

其中

$$\xi_n = \frac{xy}{n+x+y}.$$
(34)

从公式 (32) 和 (33) 得到

$$\omega_n(x)\omega_n(y) = \omega_n(x+y)\omega_n(\xi_n).$$
(35)

因为 $\lim\limits_{n\to\infty} \xi_n = 0$，所以 $\lim\limits_{n\to\infty} \omega_n(\xi_n) = 1$ (见 (20))。在关系式 (35) 中取 $n \to \infty$ 时的极限，就得到 (31)，从而完成了证明。

对两个函数之积已经证明的这个关系式，显然对任意数目的函数之积也成立。如果认为相乘的各个函数都是相同的，我们就得到关系式

$$(\exp(x))^p = \exp(px),$$
(36)

其中 p 是正整数。从这个关系式和关系式 (27), (28) 可知，关系式 (36) 对于任意整数 p 都成立。在这个关系式中把整

数 p 改为整数 q, 把 $px = qx$ 改为 y, 得到关系式

$$\left(\exp\left(\frac{y}{q}\right)\right)^q = \exp(y), \tag{37}$$

所以

$$\exp\left(\frac{y}{q}\right) = (\exp(y))^{1/q}. \tag{38}$$

在这个关系式的两边取 p 次方, 得到

$$\left(\exp\left(\frac{y}{q}\right)\right)^p = (\exp(y))^{p/q}. \tag{39}$$

根据关系式 (36), 这个等式的左边可以改写为

$$\left(\exp\left(\frac{y}{q}\right)\right)^p = \exp\left(\frac{p}{q}y\right). \tag{40}$$

因此, 最后得到

$$\exp\left(\frac{p}{q}y\right) = (\exp(y))^{p/q}. \tag{41}$$

在这个关系式中把 y 改为 x, 再设 $r = p/q$, 就得到最后的公式

$$\exp(rx) = (\exp(x))^r, \tag{42}$$

其中 r 是任意有理数.

数 e 与函数 e^x. 按照定义, 我们认为数 e 由等式

$$e = \exp(1) \tag{43}$$

给出, 从而有

$$e = \lim_{n \to \infty}\left(1 + \frac{1}{n}\right)^n. \tag{44}$$

这就是众所周知的数 e 的定义. 在关系式 (42) 中取 $x = 1$, 得到

$$\exp(r) = e^r, \qquad (45)$$

其中 r 是任意有理数. 于是, 我们证明了, 函数 $\exp(r)$ 对于任意有理数 r 正好是 e^r, 后者就是代数中的有理数 r 次幂. 对于不一定是有理数的任意的数 x, 等式

$$e^x = \exp(x) \qquad (46)$$

是函数 e^x 的定义. 关系式 (46) 的右边已经被我们定义了. 函数 e^x 最初是对有理数 x 用纯代数方法定义的, 公式 (46) 拓展了这个定义, 它现在已经对任意实数 x 都有意义, 而不必局限于有理数. 函数 e^x 对实数 x 的这个定义是唯一合理的, 这样构造出来的函数 e^x 具有很好的性质:

$$e^0 = 1, \quad e^x e^y = e^{x+y}. \qquad (47)$$

函数 e^x 的这些性质来自与它完全相同的函数 $\exp(x)$ 的性质 (27) 和 (31). 此外, 函数 e^x 有导数, 下面进行相应计算.

函数 e^x 的导数. 为了计算 e^x 的导数, 我们利用 §1 的公式 (21), 并且取

$$\xi = x + h. \qquad (48)$$

于是,

$$(e^x)' = \lim_{h \to 0} \frac{e^{x+h} - e^x}{h} = \lim_{h \to 0} \frac{e^x(e^h - 1)}{h}. \qquad (49)$$

因为 h 是小量, 所以在计算函数 e^h 时可以利用公式 (30), 从而得到

$$\mathrm{e}^h = 1 + h + r(h),$$

其中

$$|r(h)| < h^2. \tag{50}$$

由此推出

$$\lim_{h \to 0} \frac{\mathrm{e}^h - 1}{h} = 1, \tag{51}$$

进而从公式 (49) 推出

$$(\mathrm{e}^x)' = \mathrm{e}^x. \tag{52}$$

于是, 我们计算出了函数 e^x 的导数, 它具有一个优美的性质——函数的导数等于函数本身. 函数 $c\,\mathrm{e}^x$ (c 是常数) 也具有同样的性质, 即

$$(c\,\mathrm{e}^x)' = c\,\mathrm{e}^x. \tag{53}$$

结果表明, 满足方程

$$f'(x) = f(x) \tag{54}$$

的任何函数 $f(x)$ 都可以写为

$$f(x) = c\,\mathrm{e}^x \tag{55}$$

的形式. 证明见 §11 习题 3.

§11. 函数 $\ln x$

当 x 的值已知时, 方程

$$\mathrm{e}^y = x \tag{1}$$

关于 y 的解称为 x 的自然对数, 记为

$$y = \ln x. \tag{2}$$

自变量 y 的函数 e^y 对于 y 在区间 $-\infty < y < \infty$ 上所有的值都有定义, 而函数本身在区间 $0 < x < \infty$ 上变化. 因为函数 e^y 的导数对于 y 的所有值都是正的, 所以方程 (1) 的解 (2) 对于所有正的 x 都存在并且可微 (见 §5, 反函数).

求方程 (1) 两边对 x 的导数并认为 $y = \varphi(x)$, 从而对方程左边使用复合函数微分公式 (见 §5 (16)), 由此得到

$$(\mathrm{e}^y)' \cdot \varphi'(x) = 1. \tag{3}$$

在这个等式中必须把 $(\mathrm{e}^y)'$ 的结果中的 y 改为 $\varphi(x)$, 所以 $(\mathrm{e}^y)' = \mathrm{e}^y = \mathrm{e}^{\varphi(x)} = x$, 由此得到 $\varphi'(x)$ 的表达式

$$\varphi'(x) = \frac{1}{x}. \tag{4}$$

这里的 $\varphi(x)$ 就是 x 的自然对数, 所以 $\ln x$ 的导数由以下公式给出:

$$(\ln x)' = \frac{1}{x}. \tag{5}$$

§12. 函数 e^x 的级数展开式

在 §10 中得到的公式使我们能够展开函数 e^x 为幂级数.

由 §10 公式 (6) 可知,

$$\lim_{n \to \infty} \gamma_n(k) = 1. \tag{1}$$

现在选取 p, 使 $p + 1 > 10|x|$, 则从 §10 公式 (12) 得到

$$\frac{\gamma_n(k)}{k!} |x|^k < \frac{|x|^p}{p!} \frac{1}{10^{k-p}}.$$

当 $n \to \infty$ 时取极限, 得到

$$\frac{|x|^k}{k!} \leqslant \frac{|x|^p}{p!} \frac{1}{10^{k-p}}, \tag{2}$$

因为当 x 固定不变时, p 是确定的数. 从公式 (2) 可知, 当 k 无限增大时, $|x|^k/k!$ 趋于零. 因此, 对于固定的 x, 可以找到足够大的 q, 使

$$\text{当 } k \geqslant q \text{ 时,} \quad \frac{|x|^k}{k!} < 1. \tag{3}$$

虽然在证明这个关系式的过程中, 我们用确定方法选取了自然数 p, 但是最后结果 (3) 与该选取方法无关.

现在认为 §10 公式 (16) 中的 $p > q$, 则由此得到

$$|r_n(p, x)| < \frac{|x|^p}{p!} \frac{|x|}{p + 1 - |x|} < \frac{|x|}{p + 1 - |x|}.$$

根据 §10 公式 (13), 现在有

$$|\omega_n(x) - s_n(p,\, x)| < \frac{|x|}{p+1-|x|}. \tag{4}$$

从 §10 公式 (14) 和本节公式 (1) 可知, 当 $n \to \infty$ 时在不等式 (4) 中取极限, 我们得到

$$\left| \mathrm{e}^x - \left(1 + \frac{x}{1!} + \frac{x^2}{2!} + \cdots + \frac{x^p}{p!} \right) \right| \leqslant \frac{|x|}{p+1-|x|}.$$

因为这个不等式的右边在 p 无限增大时趋于零, 所以这个不等式表示 e^x 可以展开为无穷级数

$$\mathrm{e}^x = 1 + \frac{x}{1!} + \frac{x^2}{2!} + \cdots + \frac{x^p}{p!} + \cdots. \tag{5}$$

当 $x = 1$ 时, 我们得到

$$\mathrm{e} = 1 + \frac{1}{1!} + \frac{1}{2!} + \cdots + \frac{1}{p!} + \cdots. \tag{6}$$

公式 (6) 和 (5) 适用于计算数 e 和函数 e^x.

写给中学生的数学分析

§13. 跋. 关于极限理论

个人经验使我相信, 初学数学分析不应该从极限理论开始. 我在中学时就相当好地掌握了微积分基础, 会利用微积分解题, 但那时对极限理论一无所知, 直到大学一年级才知道它的存在, 当时颇感惊讶. 历史上, 微积分在极限理论出现之前就已经是高度发展的数学领域, 而极限理论对于已经存在的理论大厦而言只是加层而已. 许多物理学家认为, 导数和积分的所谓严格定义对于很好地理解微积分是完全没有必要的. 我赞同他们的观点. 我认为, 如果在中学里从极限理论开始讲数学分析, 就会完全陷入极限理论, 而得不到任何有实质内容的结果. 如果非要学习极限理论的话, 也应该在已经学习了数学分析的丰富结果之后再加以考虑. 因此, 我仅在跋中给出极限理论的不同常规但又很直观的叙述.

极限理论. 极限的概念总是关系到研究某个函数 $f(\xi)$ 在其自变量 ξ 变化时的变化, 这两种变化之间的相互关系具有非常特殊的性质, 从而引出以下问题: 当自变量 ξ 无限接近某个常值 x 时, 变量 $f(\xi)$ 的值本身怎样变化? 如果在自变量 ξ 接近常值 x 的过程中, 变量 $f(\xi)$ 也接近某个常值 f_0 (我们并没有假设函数 $f(\xi)$ 在 $\xi = x$ 时有定义), 就可以认为, 函数 $f(\xi)$ 在 $\xi \to x$ 时趋于极限 f_0, 相应公式为:

$$\lim_{\xi \to x} f(\xi) = f_0. \tag{1}$$

为了不正式地定义极限, 而仅仅给出其直观描述, 我们应该设想 ξ 是量 x 的近似值, 其精度随 ξ 接近 x 而增加. 同样地, $f(\xi)$ 的值也应该看作量 f_0 的近似值, 其精度也随 ξ 接近 x 而增加.

在这样的直观描述下, 很容易理解极限理论的一些基本运算法则. 如果有两个函数 $f(\xi)$ 和 $g(\xi)$, 并且条件

$$\lim_{\xi \to x} f(\xi) = f_0, \quad \lim_{\xi \to x} g(\xi) = g_0 \tag{2}$$

成立, 即当 ξ 越接近其近似值 x 时, 量 $f(\xi)$ 和 $g(\xi)$ 就越接近其近似值 f_0 和 g_0, 则显然可知, 和 $f_0 + g_0$ 的近似值由和 $f(\xi) + g(\xi)$ 给出, 其精度随量 $f(\xi)$ 的近似值 f_0 的精度和量 $g(\xi)$ 的近似值 g_0 的精度的增加而增加. 由此推出极限理论的运算法则一:

$$\lim_{\xi \to x} (f(\xi) + g(\xi)) = f_0 + g_0 = \lim_{\xi \to x} f(\xi) + \lim_{\xi \to x} g(\xi). \tag{3}$$

用同样的方法可以分析乘积的情况. 显然, 积 $f(\xi)g(\xi)$ 是积 $f_0 g_0$ 的近似值, 其精度随量 $f(\xi)$ 的近似值 f_0 的精度和量 $g(\xi)$ 的近似值 g_0 的精度的增加而增加. 由此推出极限理论的运算法则二:

$$\lim_{\xi \to x} (f(\xi)g(\xi)) = f_0 g_0 = \lim_{\xi \to x} f(\xi) \lim_{\xi \to x} g(\xi). \tag{4}$$

同样地, 我们得到极限理论的运算法则三:

$$\lim_{\xi \to x} \frac{f(\xi)}{g(\xi)} = \frac{f_0}{g_0} = \frac{\displaystyle\lim_{\xi \to x} f(\xi)}{\displaystyle\lim_{\xi \to x} g(\xi)}. \tag{5}$$

不过, 这个公式仅在 $g_0 \neq 0$ 的条件下才成立. 极限理论的最后一个运算法则关系到不等式. 如果量 $f(\xi), g(\xi)$ 分别给出量 f_0, g_0 的越来越精确的近似值, 并且 $f(\xi)$ 总是不超过 $g(\xi)$, 则显然 $f_0 \leqslant g_0$, 换言之, 从关系式

$$f(\xi) \leqslant g(\xi) \qquad (6)$$

推出关系式

$$f_0 \leqslant g_0,$$

即

$$\lim_{\xi \to x} f(\xi) \leqslant \lim_{\xi \to x} g(\xi). \qquad (7)$$

极限理论还有另外一种不同的但非常类似的表述方式, 这时函数的自变量不是不断接近常值 x 的变量 ξ, 而是无限增加的非负整数 n, 所以我们需要处理函数 $f(n)$ 和 $g(n)$, 通常另外记为

$$f(n) = f_n, \quad g(n) = g_n. \qquad (8)$$

这里提出的问题是: 当数 n 无限增加时, 函数 f_n 的值本身怎样变化? 如果这时 f_n 无限接近 f_0, 我们就把这个结果记为

$$\lim_{n \to \infty} f_n = f_0. \qquad (9)$$

如果另一个函数也满足类似的关系式

$$\lim_{n \to \infty} g_n = g_0, \qquad (10)$$

则根据我们在考虑函数 $f(\xi)$ 和 $g(\xi)$ 时所使用的同样的直观处理方法, 也可以得到极限理论的基本运算法则, 其表述如下:

$$\lim_{n\to\infty}(f_n+g_n)=\lim_{n\to\infty}f_n+\lim_{n\to\infty}g_n, \tag{11}$$

$$\lim_{n\to\infty}f_ng_n=\lim_{n\to\infty}f_n\lim_{n\to\infty}g_n, \tag{12}$$

$$\lim_{n\to\infty}\frac{f_n}{g_n}=\frac{\lim\limits_{n\to\infty}f_n}{\lim\limits_{n\to\infty}g_n}, \tag{13}$$

并且公式 (13) 仅当 $\lim\limits_{n\to\infty}g_n\neq 0$ 时才成立. 此外, 从关系式 $f_n\leqslant g_n$ 推出

$$\lim_{n\to\infty}f_n\leqslant\lim_{n\to\infty}g_n.$$

连续函数. 极限的概念用于定义连续函数的概念. 具体而言, 如果函数 $f(\xi)$ 对于自变量的值 $\xi=x$ 也有定义, 并且满足关系式

$$\lim_{\xi\to x}f(\xi)=f(x),$$

就认为该函数在自变量的值 $\xi=x$ 处是连续的.

如果函数 $f(x)$ 对于自变量 x 的每一个值都是连续的, 就认为该函数是连续的. 如果函数 $g(\xi)$ 是另一个连续函数, 则根据运算法则一、二、三, 函数之和 $f(\xi)+g(\xi)$ 是连续的, 函数之积 $f(\xi)g(\xi)$ 是连续的, 而函数之商 $f(\xi)/g(\xi)$ 对于不满足 $g(x)=0$ 的自变量值也是连续的.

本书中的所有函数当然都是连续的, 并且都有导数, 不过我认为没有必要处处都加以声明, 因为这应该是默认的, 或者说, 更应该是自然而然就能够感受到的性质.

习 题

§1 习题

我们首先指出某些求导方法. 根据 §1, 函数 $f(x)$ 的导数 $f'(x)$ 由关系式

$$f'(x) = \lim_{\xi \to x} \frac{f(\xi) - f(x)}{\xi - x} \tag{1}$$

定义. 因此, 为了求出函数 $f(x)$ 的导数, 应该考虑分式

$$\frac{f(\xi) - f(x)}{\xi - x} \tag{2}$$

并研究它在 x 保持不变而 ξ 无限接近 x 时怎样变化. 如果分式 (2) 趋于某一个确定的极限, 就用 $f'(x)$ 表示这个极限, 它就是函数 $f(x)$ 的导数. 计算关系式 (2) 的极限的最简单的一种情况是, 它的分子 $f(\xi) - f(x)$ 能直接被 $\xi - x$ 除尽. 这时只要在相除所得结果中用 x 代替 ξ, 就得到导数 $f'(x)$. 如果在 $f(\xi) - f(x)$ 的表达式中能够提取二项式因子 $\xi - x$, 就可以这样做. 因为提取二项式因子不是非常简单的代数运算, 所以最好用换元法改为提取单项式因子. 为此, 取

$$h = \xi - x, \tag{3}$$

即

$$\xi = x + h. \tag{4}$$

显然, 当 $\xi \to x$ 时 $h \to 0$, 所以定义 (1) 在新记号下改为

$$f'(x) = \lim_{h \to 0} \frac{f(x+h) - f(x)}{h}. \tag{5}$$

我们指出, h 称为自变量 x 的增量, 而差

$$f(x+h) - f(x) \tag{6}$$

称为相应的函数增量. 如果在表达式 (6) 中能够提取出公因子 h, 它除以 h 就是简单的代数运算, 所以为了求出极限 (5), 在相除所得结果中取 h 为 0 即可. 这个方法在 $f(x)$ 是 x 的有理函数时很好用, 在包含根式的情况下也可能有用. 例如, 如果函数增量 (6) 可以写为 $\sqrt{a} - \sqrt{b}$ 的形式, 其中 a 和 b 是有理表达式, 则通过同时乘以并除以相应根式之和 $\sqrt{a} + \sqrt{b}$, 我们得到

$$\sqrt{a} - \sqrt{b} = \frac{a - b}{\sqrt{a} + \sqrt{b}}.$$

表达式 $a - b$ 已经不包含无理式, 并且可能被 $\xi - x$ 或 h 除尽, 这取决于我们采用导数的定义 (1) 还是 (5).

请利用这些方法求出下列函数 $f(x)$ 的导数.

习题 1. $f(x) = ax^2 + bx + c$.

答案. $f'(x) = 2ax + b$.

习题 2. $f(x) = ax^3 + bx^2 + cx + d$.

答案. $f'(x) = 3ax^2 + 2bx + c$.

习题 3. $f(x) = 1/x$.

答案. $f'(x) = -1/x^2$.

习题 4. $f(x) = 1/x^2$.

答案. $f'(x) = -2/x^3$.

习题 5. $f(x) = (x - a)/(x - b)$.

答案. $f'(x) = (a - b)/(x - b)^2$.

习题 6. $f(x) = 1/(ax^2 + bx + c)$.

答案. $f'(x) = -(2ax + b)/(ax^2 + bx + c)^2$.

习题 7. $f(x) = \sqrt{x}$.

答案. $f'(x) = 1/(2\sqrt{x})$.

习题 8. $f(x) = \sqrt{ax^2 + bx + c}$.

答案. $f'(x) = (2ax + b)/(2\sqrt{ax^2 + bx + c})$.

§2 习题

多项式的微分法则过于简单, 以至于没有什么有趣的难题. 因此, 这里只给出两道习题, 并且第二道习题以后还另有用处. 请计算下列多项式的导数.

习题 1. $f(x) = x^4 + 4x^3 + 6x^2 + 4x + 1$.

答案. $f'(x) = 4(x^3 + 3x^2 + 3x + 1)$.

习题 2. $f(x) = 3x^5 - 5(a^2 + b^2)x^3 + 15a^2b^2x$.

答案. $f'(x) = 15[x^4 - (a^2 + b^2)x^2 + a^2b^2]$.

§3 习题

请研究下列多项式 $f(x)$, 确定其递增区间和递减区间, 以及使 $f(x)$ 具有极大值和极小值的全部 x 值, 并把它们彼此区别开来.

习题 1. $f(x) = x^4 - px^2 + q.$

答案. 当 $p \leqslant 0$ 时, 多项式 $f(x)$ 在区间 $-\infty < x \leqslant 0$ 上递减, 在区间 $0 \leqslant x < \infty$ 上递增, 在点 $x = 0$ 达到极小值. 在这个点, 多项式 $f(x)$ 的二阶导数当 p 是负数时是正的, 当 $p = 0$ 时等于零. 因此, §3 中的条件 (30) 不是函数极小值的必要条件. 当 p 是正数时, 多项式 $f(x)$ 在点 $x = 0$ 达到极大值, 在点 $x = -\sqrt{p/2}$ 和 $x = \sqrt{p/2}$ 有两个极小值; 在区间 $-\infty < x \leqslant -\sqrt{p/2}$ 上递减, 在区间 $-\sqrt{p/2} \leqslant x \leqslant 0$ 上递增, 在区间 $0 \leqslant x \leqslant \sqrt{p/2}$ 上又递减, 而在区间 $\sqrt{p/2} \leqslant x < \infty$ 上又递增.

习题 2. $f(x) = 3x^5 - 5(a^2 + b^2)x^3 + 15a^2b^2x$ (见 § 2 习题 2).

答案. 我们认为数 a 和 b 是正的. 为了明确起见, 假设 $a > b$. 多项式 $f(x)$ 在区间 $-\infty < x \leqslant -a$ 上递增, 在区间 $-a \leqslant x \leqslant -b$ 上递减, 在区间 $-b \leqslant x \leqslant b$ 上递增, 在区间 $b \leqslant x \leqslant a$ 上递减, 在区间 $a \leqslant x < \infty$ 上递增; 在点 $x = -a, x = b$ 有极大值, 在点 $x = -b, x = a$ 有极小值.

习题 3. 一块矩形铁片的边长为 a 和 b, 并且 $a \geqslant b$. 在铁片四角各剪去边长为 $x < b/2$ 的正方形, 再把剩余铁片的每个突出部分向上掰成直角, 就得到一个长方体盒子, 其底面边长为 $a - 2x$ 和 $b - 2x$, 而高为 x, 所以盒子的容积等于 $x(a - 2x)(b - 2x)$. 盒子的容积在 x 取何值时达到最大值?

答案. $x = (a + b - \sqrt{a^2 + ab + b^2})/6$. 在 $a = b$ 时得到更简单的解 $x = a/6$.

写给中学生的数学分析

§4 习题

请画出下列多项式 $f(x)$ 的图像.

习题 1. $f(x) = x^4 - px^2 + q$ (见 §3 习题 1).

答案. 在 §3 习题 1 中已经充分研究了多项式 $f(x)$, 现在只要分析清楚它的图像在怎样的条件下与横坐标轴相交, 即方程 $f(x) = 0$ 在怎样的条件下有实根以及有多少个实根.

在 $p \leqslant 0$ 的情况下, 方程 $f(x) = 0$ 在 $q > 0$ 时没有实根, 而在 $q < 0$ 时有两个实根. 该方程在 $p = 0$ 且 $q = 0$ 时有四重根 $x = 0$, 而在 $p < 0$ 且 $q = 0$ 时有二重根 $x = 0$.

方程 $f(x) = 0$ 在 $p > 0$ 且 $q < 0$ 时有两个实根. 在 $p > 0$ 且 $q > 0$ 的情况下, 该方程在 $p^2/4 - q > 0$ 时有四个实根, 在 $p^2/4 - q < 0$ 时没有实根. 该方程在 $q > 0$ 且 $p^2/4 - q = 0$ 时有两个二重根 $x = \pm\sqrt{p/2}$, 在 $p > 0$ 且 $q = 0$ 时有三个实根, 其中两个是二重根.

习题 2. $f(x) = 3x^5 - 5(a^2 + b^2)x^3 + 15a^2b^2x$ (见 §3 习题 2).

答案. 在 §3 习题 2 中已经在相当大程度上阐明了多项式 $f(x)$ 的图像的性质, 现在只要分析该图像在怎样的条件下与横坐标轴相交于一个点 $x = 0$ 或更多个点, 而对于后者, 还需要确定交点的数量.

方程 $f(x) = 0$ 在 $a^2/b^2 > 5$ 时有五个实根, 在 $a^2/b^2 < 5$ 时有一个实根, 在 $a^2/b^2 = 5$ 时有三个实根, 其中一个是二重根.

习题 3. 说明多项式

$$y = g(x) = x^3 + a_1 x^2 + a_2 x + a_3 \tag{7}$$

的实根数量对系数 a_1, a_2, a_3 的依赖关系.

答案. 考虑方程

$$f(x) = x^3 - px = c. \tag{8}$$

显然, 该方程在 $p < 0$ 时只有一个实根, 在 $p = 0$ 且 $c \neq 0$ 时也只有一个实根, 而在 $p = 0$ 且 $c = 0$ 时有三重根 $x = 0$. 如果 $p > 0$, 则方程 (8) 在

$$f(x_2) \leqslant c \leqslant f(x_1) \tag{9}$$

时有三个实根, 式中

$$f(x_1) = \frac{2}{3} p \sqrt{\frac{p}{3}}, \quad f(x_2) = -\frac{2}{3} p \sqrt{\frac{p}{3}}.$$

不等式 (9) 可以写为

$$|c| \leqslant \frac{2}{3} p \sqrt{\frac{p}{3}}, \tag{10}$$

并且在 c 取闭区间 (10) 的两个端点值的情况下, 方程 (8) 有一个简单实根和一个二重根. 该方程在 c 取闭区间 (10) 以外的值时只有一个实根.

多项式 (7) 可以化为

$$\eta = f(\xi) = \xi^3 - p\xi \tag{11}$$

的形式, 相应变量代换为

$$x = \xi + \alpha, \quad y = \eta + \beta. \tag{12}$$

这样的变量代换表示坐标系平移. 完成变量代换 (12), 得到

$$\eta = \xi^3 + (3\alpha + a_1)\xi^2 + (3\alpha^2 + 2a_1\alpha + a_2)\xi$$
$$+ (\alpha^3 + a_1\alpha^2 + a_2\alpha + a_3 - \beta). \tag{13}$$

只要条件

$$3\alpha + a_1 = 0,$$
$$\alpha^3 + a_1\alpha^2 + a_2\alpha + a_3 - \beta = 0 \tag{14}$$

成立, 多项式 (7) 即可化为形式 (11). 从 (14) 的第一个方程得到

$$\alpha = -\frac{a_1}{3}. \tag{15}$$

把 α 的这个表达式代入 (14) 的第二个方程, 得到

$$\beta = \frac{2a_1^3}{27} - \frac{a_1 a_2}{3} + a_3. \tag{16}$$

于是, 只要认为 α 和 β 由公式 (15) 和 (16) 给出, 就可以把 (13) 化为 (11), 其中

$$p = \frac{a_1^2}{3} - a_2. \tag{17}$$

立方抛物线 (7) 的几何形状与立方抛物线 (11) 的几何形状相同, 后者取决于由公式 (17) 给出的量 p 的符号.

现在分析多项式 $g(x)$ (见 (7)) 有几个根. 多项式 $g(x)$

与 $f(\xi)$ 之间的关系为

$$f(\xi) = g(x) - \beta.$$

因此, 多项式 $g(x)$ 的根的数量等于多项式 $f(\xi) + \beta$ 的根的数量, 也就等于方程 $f(\xi) = -\beta$ 根的数量, 而这个问题我们已经解决了 (见 (8)). 因此, 多项式 $g(x)$ 在 $p < 0$ (见 (17)) 时有一个实根, 在 $p = 0$ 且 $\beta \neq 0$ (见 (16)) 时也有一个实根.

考虑 $p > 0$ 的情况. 如果 β (见 (16)) 满足条件

$$|\beta| \leqslant \frac{2}{3\sqrt{3}} p^{3/2} \tag{18}$$

(见 (10)), 则多项式 $g(x)$ 有三个实根, 并且当 β 取闭区间 (18) 的两个端点值时, 其中的两个根重合在一起. 把 β 和 p 的表达式 (16) 和 (17) 代入 (18), 再取所得关系式的平方, 我们得到

$$\left(\frac{2a_1^3}{27} - \frac{a_1 a_2}{3} + a_3 \right)^2 \leqslant \frac{4}{27} \left(\frac{a_1^2}{3} - a_2 \right)^3. \tag{19}$$

这个条件是判断多项式 $g(x)$ 有三个实根的全部依据, 因为当它成立时, $p < 0$ 的情况已经被排除在外. 其实, 在 $p < 0$ 时, 不等式 (19) 的右边是负的, 而其左边是平方项, 不可能是负的.

现在给出四次多项式

$$y = h(x) = x^4 + b_1 x^3 + b_2 x^2 + b_3 x + b_4$$

写给中学生的数学分析

的图像的研究方法. 为了分析清楚该图像的特点, 必须研究
多项式

$$h'(x) = 4x^3 + 3b_1 x^2 + 2b_2 x + b_3$$

的性质, 而这是三次多项式, 我们已经解决了其实根数量的
问题.

　　因为多项式 $h(x)$ 在 $x \to -\infty$ 和 $x \to \infty$ 时是正的并
且无限增大, 所以在多项式 $h'(x)$ 只有一个实根的情况下,
多项式 $h(x)$ 只有一个极小值. 在多项式 $h'(x)$ 有三个不同
实根的情况下, 多项式 $h(x)$ 有两个极小值和一个极大值.
图 5 (a), (b) 给出函数 $h(x)$ 的图像在这两种情况下的形状,
而当两个实根重合在一起时的图像形状则如图 5 (c) 所示.

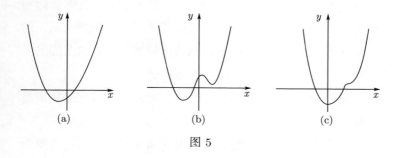

图 5

　　习题 4. 证明: 如果函数 $y = f(x)$ 满足条件

$$f''(x_0) = 0, \quad f'''(x_0) \neq 0,$$

则该函数的图像在点 $x = x_0$ 具有拐点. 这里的 $f'''(x)$ 表示
$f(x)$ 的三阶导数, 由公式 $f'''(x) = (f''(x))'$ 定义.

§5 习题

习题 1.   画出函数 $y = \sin x$ 和 $y = \cos x$ 的图像. 求函数 $\sin x$ 和 $\cos x$ 各自的递减区间、极大值点和极小值点. 求这两个函数的图像与横坐标轴的交点以及图像的拐点.

习题 2.   画出函数 $y = \tan x$ 的图像.

答案. 因为函数 $\tan x$ 是具有周期 π 的周期函数, 即

$$\tan(x + k\pi) = \tan x,$$

其中 k 是任意整数, 所以为了画出函数 $\tan x$ 的整个图像, 只要画出区间 $-\pi/2 < x < \pi/2$ 上的图像即可. 在这个区间上, 函数 $\tan x$ 从 $-\infty$ 递增到 ∞, 在 $x = 0$ 时通过零点, 并且零点是图像的拐点. 已经画出的这部分图像沿横坐标轴平移距离 $k\pi$, 其中 k 是任意整数, 就可以得到函数 $\tan x$ 的整个图像. 每一次这样的平移都给出函数 $\tan x$ 的图像的一个独立分支, 各分支不与其他分支相交.

习题 3.   画出函数 $y = f(x) = a/x$ 的图像, 式中 a 是正数.

答案. 函数 $f(x)$ 当 $x = 0$ 时没有定义, 所以它由两个独立分支组成, 当 $x > 0$ 时位于横坐标轴上方, 当 $x < 0$ 时位于横坐标轴下方. 因为

$$\left(\frac{a}{x}\right)' = -\frac{a}{x^2},$$

所以函数 $f(x)$ 的每一个分支都是递减的. 我们来更仔细地考虑 $x > 0$ 的情况. 当 x 始终为正并且趋于零时, 函数 $f(x)$

无限增大, 其图像无限接近纵坐标轴. 同样地, 当 x 无限增大时, 函数 $f(x)$ 趋于零, 其图像无限接近横坐标轴. x 与 y 之间的关系可以改写为

$$xy = a.$$

由这个方程确定的曲线显然关于第一、第三象限的二等分线是对称的.

习题 4. 画出函数 $y = f(x) = x^2 \cos x$ 的图像.

答案. 首先可以看出, $f(x)$ 是偶函数, 即 $f(-x) = f(x)$, 其图像关于纵坐标轴是对称的, 所以只要画出 $x \geqslant 0$ 时的图像即可. 对于正的 x 值, 函数 $x^2 \cos x$ 的符号与函数 $\cos x$ 的符号相同. 由此可见, 当 $x > \pi/2$ 时, 图像就像函数 $\cos x$ 那样由一段一段的波组成, 而 $\cos x$ 的因子 x^2 使这些波的高度随 x 增大而增大. 显然, 函数 $f(x)$ 在横坐标轴以上的每一段波上达到极大值, 而在横坐标轴以下的每一段波上达到极小值. 对于闭区间 $-\pi/2 \leqslant x \leqslant \pi/2$, 需要更细致地加以分析. 在这个区间的两端, 函数 $\cos x$ 等于零, 所以函数 $f(x)$ 也等于零. 对于这两个端点之间的 x 值, 函数 $f(x)$ 是非负的. 当 $x = 0$ 时, 这个函数的图像通过坐标原点, $f(x)$ 在该点达到极小值. 函数 $f(x)$ 在区间 $0 < x < \pi/2$ 上是正的, 在该区间的两个端点上等于零, 所以它在这个区间上的某处达到极大值. 为了求出使函数 $f(x)$ 达到极大值和极小值的那些 x 的值, 应该让它的导数等于零, 即解方程

$$2x \cos x - x^2 \sin x = 0.$$

方程两边都除以 $x^2 \cos x$, 得到方程

$$\frac{2}{x} = \tan x.$$

因此, 为了求出 $f(x)$ 的极大值点和极小值点, 我们必须求出函数 $y = 2/x$ 的图像与函数 $y = \tan x$ 的图像的交点. 因为当 x 增大时, 函数 $y = 2/x$ 的图像无限接近横坐标轴, 所以当 x 较大时, 方程 $2/x = \tan x$ 的解约等于方程 $\tan x = 0$ 的解, 即约等于 $k\pi$, 其中 k 是整数. 从几何上可以看出, 方程 $2/x = \tan x$ 的解其实稍大于 $k\pi$. 由此可见, 在函数 $f(x)$ 的图像的每一段波上, 这个函数或者在函数 $\cos x$ 达到极大值的点附近达到极大值, 或者在函数 $\cos x$ 达到极小值的点附近达到极小值, 其具体位置比上述各点稍微偏右.

习题 5. 利用 §5 中的微分法则计算 §1 习题中各函数的导数.

计算下列函数的导数.

习题 6. $f(x) = (\sin x)^n$.

答案. $f'(x) = n(\sin x)^{n-1} \cos x$.

习题 7. $f(x) = \sin x^n$.

答案. $f'(x) = nx^{n-1} \cos x^n$.

习题 8. $f(x) = \sqrt[n]{x}$.

答案. $f'(x) = 1/\left(n\sqrt[n]{x^{n-1}}\right)$.

习题 9. 从变量 y 的某函数 $\psi(y)$ 出发, 照例用 $\psi'(y)$ 表示它对变量 y 的导数, 然后取 $y = ax$, 其中 a 是常数. 如

果用 ax 取代函数 $\psi(y)$ 的自变量 y, 就得到变量 x 的函数

$$f(x) = \psi(ax).$$

求导数 $f'(x)$.

答案. $f'(x) = a\psi'(ax)$.

于是, 为了求 $f'(x)$, 我们应该首先计算导数 $\psi'(y)$, 然后用 ax 取代其中的 y, 所得表达式再乘以常数 a. 为了证明这个公式, 必须利用 §5 的公式 (16). 根据这个公式, 我们有

$$f'(x) = \psi'(ax)(ax)' = a\psi'(ax).$$

习题 10. 从变量 y 的函数 $\psi(y)$ 出发, 照例用 $\psi'(y)$ 表示它对变量 y 的导数, 然后取 $y = x + a$, 其中 a 是常数. 如果用这个表达式取代函数 $\psi(y)$ 中的 y, 就得到函数

$$f(x) = \psi(x + a).$$

求函数 $f(x)$ 的导数 $f'(x)$.

答案. $f'(x) = \psi'(x + a)$.

这意味着, 为了求导数 $f'(x)$, 应该计算函数 $\psi(y)$ 的导数 $\psi'(y)$, 然后在所得表示式中用 $x + a$ 取代 y. 为了证明这个结果, 必须利用 §5 的公式 (16). 根据这个公式, 我们有

$$f'(x) = \psi'(x + a)(x + a)' = \psi'(x + a).$$

习题 11. 考虑闭区间

$$-\frac{\pi}{2} \leqslant y \leqslant \frac{\pi}{2}$$

上的函数

$$\psi(y) = \sin y. \tag{20}$$

因为 $\sin' y = \cos y$, 所以对于上述闭区间的所有内点, 我们有

$$\sin' y = \cos y > 0.$$

沿用在研究反函数的导数时所使用的记号 (见 §5 公式 (20) 及那里的说明), 这里有

$$b_1 = -\frac{\pi}{2}, \quad b_2 = \frac{\pi}{2},$$
$$a_1 = \sin\left(-\frac{\pi}{2}\right) = -1, \quad a_2 = \sin\frac{\pi}{2} = 1.$$

于是, 方程 (20) 关于 y 的解 $y = \varphi(x)$ 对于属于闭区间

$$-1 \leqslant x \leqslant 1$$

的所有的值 x 都是确定的, 记为 $\arcsin x$ (反正弦函数). 因此, 我们有

$$\sin(\arcsin x) = x.$$

根据以前证明的结果, 关系式

$$\arcsin(\sin y) = y$$

同时成立. 本习题是: 利用 §5 公式 (21) 求函数 $\arcsin x$ 的导数 $\arcsin' x$.

答案.

$$\arcsin' x = \frac{1}{\sqrt{1-x^2}}. \tag{21}$$

其实, 根据 §5 公式 (21), 我们有

$$\arcsin' x = \frac{1}{\psi'(y)} = \frac{1}{\cos y}.$$

现在必须把 $\cos y$ 表示为变量 x 的函数. 我们知道 $x = \sin y$, 所以 $\cos y = \sqrt{1-x^2}$, 从而最后得到关系式 (21). 前面已经注意到

$$\sin'\left(-\frac{\pi}{2}\right) = \sin'\frac{\pi}{2} = 0,$$

所以函数 $\arcsin x$ 的导数 $\arcsin' x$ 在 $x = \pm 1$ 时等于无穷大. 从公式 (21) 也可以看出这个结果.

习题 12. 反余弦函数 $\arccos x$ 由条件

$$\cos(\arccos x) = x$$

定义. 求函数 $\arccos x$ 的导数 $\arccos' x$.

答案. $\arccos' x = -1/\sqrt{1-x^2}$.

习题 13. 反正切函数 $\arctan x$ 由条件

$$\tan(\arctan x) = x$$

定义, 并且只考虑满足 $|\arctan x| < \pi/2$ 的解. 求函数 $\arctan x$ 的导数 $\arctan' x$.

答案. $\arctan' x = 1/(1+x^2)$.

习题 14. 求函数 $f(x) = \arcsin x + x\sqrt{1-x^2}$ 的导数.

答案.

$$f'(x) = 2\sqrt{1-x^2}. \tag{22}$$

§6 习题

习题 1. 求函数 $f(x) = x^3 - px$ (其中 p 是常数) 的原函数 $h(x)$.

答案. $h(x) = x^3/4 - px^2/2$.

习题 2. 求函数 $f(x) = \sqrt{r^2 - x^2}$ (其中 r 是常数) 的原函数 $h(x)$.

答案.

$$h(x) = \frac{r^2}{2} \arcsin \frac{x}{r} + \frac{x}{2} \sqrt{r^2 - x^2}. \tag{23}$$

为了证明, 取

$$\psi(y) = \arcsin y + y \sqrt{1 - y^2}.$$

根据公式 (22), 我们有

$$\psi'(y) = 2\sqrt{1 - y^2}.$$

现在计算函数 $\psi(x/r)$ 的导数. 利用 §5 习题 9 的公式, 我们有

$$\left(\psi \left(\frac{x}{r} \right) \right)' = \frac{1}{r} \psi' \left(\frac{x}{r} \right).$$

由此可知公式 (23) 成立.

习题 3. 通常所说的*微分方程*在数学的应用中起重要作用, 这样的方程不仅包含未知函数本身, 还包含其导数. 方程

$$f''(t) + \omega^2 f(t) = 0 \tag{24}$$

是最简单但又很重要的微分方程之一. 这里用 t 表示自变量, 而 $f(t)$ 是未知函数. 我们来叙述一下, 这个方程是怎样在力学中出现的. 考虑一个质点沿一条直线的运动, 取这条直线为横坐标轴, 用 x 表示运动质点的横坐标. 这个质点的运动由方程

$$x = f(t)$$

给出, 其中 t 是时间, 而 x 是质点在时刻 t 的横坐标. 考虑质量为 m 的质点在指向坐标原点的力作用下的运动, 并且这个力与质点到坐标原点的距离成正比, 所以这个力等于 $-kx$, 其中 k 是保持不变的正的系数. 于是, 根据力学定律, 我们有

$$mf''(t) = -kf(t),$$

其中左边是质点的质量乘以其加速度, 而右边是作用力. 用 ω^2 表示正的值 k/m, 就可以把这个方程改写为 (24) 的形式. 本习题是: 求方程 (24) 的解, 更确切地说, 求这个方程的所有的解, 因为并非只有一个解存在.

答案. 方程 (24) 的任何一个解都可以写为

$$f(t) = a \sin(\omega t + \alpha) \tag{25}$$

的形式, 其中 a 和 α 是任意常数. 我们来证明这个结论. 首先注意到, 如果 $f_1(t)$ 和 $f_2(t)$ 是方程 (24) 的两个解, 即如果恒等式

$$\begin{aligned} f_1''(t) + \omega^2 f_1(t) &= 0, \\ f_2''(t) + \omega^2 f_2(t) &= 0 \end{aligned} \tag{26}$$

习题

成立, 则函数

$$f(t) = c_1 f_1(t) + c_2 f_2(t) \qquad (27)$$

也是方程 (24) 的解, 式中 c_1 和 c_2 是常数. 其实, 把函数 (27) 代入方程 (24), 得到

$$c_1 f_1''(t) + c_2 f_2''(t) + c_1 \omega^2 f_1(t) + c_2 \omega^2 f_2(t)$$
$$= c_1(f_1''(t) + \omega^2 f_1(t)) + c_2(f_2''(t) + \omega^2 f_2(t)) = 0$$

(见 (26)).

现在证明, 函数

$$\begin{aligned} f_1(t) &= \sin \omega t, \\ f_2(t) &= \cos \omega t \end{aligned} \qquad (28)$$

都是方程 (24) 的解. 其实, 把 $f(t) = \sin \omega t$ 代入方程 (24), 得到

$$(\sin' \omega t)' + \omega^2 \sin \omega t = (\omega \cos \omega t)' + \omega^2 \sin \omega t$$
$$= -\omega^2 \sin \omega t + \omega^2 \sin \omega t = 0;$$

把 $f(t) = \cos \omega t$ 代入方程 (24), 得到

$$(\cos' \omega t)' + \omega^2 \cos \omega t = (-\omega \sin \omega t)' + \omega^2 \cos \omega t$$
$$= -\omega^2 \cos \omega t + \omega^2 \cos \omega t = 0.$$

于是, 根据 (27), 函数

$$f(t) = c_1 \sin \omega t + c_2 \cos \omega t \qquad (29)$$

　　　　　　　　　写给中学生的数学分析

是方程 (24) 的解. 结果表明, 方程 (24) 的任何一个解都可以写为 (29) 的形式.

为了证明这个结果, 取方程 (24) 的任意两个解 $f_1(t)$ 和 $f_2(t)$ (见 (26)) 并构造辅助函数

$$g(t) = f_1(t)f_2'(t) - f_1'(t)f_2(t).$$

我们来证明

$$g'(t) = 0. \tag{30}$$

其实, 我们有

$$\begin{aligned}
g'(t) &= f_1'(t)f_2'(t) + f_1(t)f_2''(t) - f_1''(t)f_2(t) - f_1'(t)f_2'(t) \\
&= f_1(t)(f_2''(t) + \omega^2 f_2(t)) - f_2(t)(f_1''(t) + \omega^2 f_1(t)) \\
&= 0.
\end{aligned}$$

于是, (30) 成立, 所以 $g(t)$ 是常数, 即

$$f_1(t)f_2'(t) - f_1'(t)f_2(t) = c. \tag{31}$$

现在设 $f(t)$ 是方程 (24) 的任意一个解. 把

$$f_1(t) = f(t), \quad f_2(t) = \sin \omega t$$

代入等式 (31), 得到

$$f(t)\omega \cos \omega t - f'(t) \sin \omega t = c_2 \omega; \tag{32}$$

把

$$f_1(t) = f(t), \quad f_2(t) = \cos \omega t$$

代入等式 (31), 得到

$$-f(t)\omega \sin \omega t - f'(t) \cos \omega t = -c_1\omega; \qquad (33)$$

这里的 $-c_1\omega$ 和 $c_2\omega$ 是任意常数. 在关系式 (32) 和 (33) 中可以消去函数 $f'(t)$, 为此只要用 $\cos \omega t$ 乘 (32), 用 $\sin \omega t$ 乘 (33), 再让所得等式相减即可. 由此得到

$$f(t)\omega \cos^2 \omega t + f(t)\omega \sin^2 \omega t = c_2\omega \cos \omega t + c_1\omega \sin \omega t,$$

从而得到 (29).

现在选取常数 a 和 α, 使

$$c_1 = a \cos \alpha, \quad c_2 = a \sin \alpha.$$

这总是可能的, 所以函数 $f(t)$ 可以写为

$$f(t) = a \cos \alpha \sin \omega t + a \sin \alpha \cos \omega t = a \sin(\omega t + \alpha)$$

的形式. 综上所述, 我们证明了, 方程 (24) 的任何一个解都可以写为 (25) 的形式.

公式

$$x = a \sin(\omega t + \alpha) \qquad (34)$$

给出了坐标为 x 的质点的简谐振动, 其振幅为 a, 初相为 α. 如果取 $\omega = 2\pi/T$, 则公式 (34) 变为

$$x = a \sin \left(\frac{2\pi t}{T} + \alpha \right),$$

其中 T 是简谐振动 (34) 的周期.

写给中学生的数学分析

§7 习题

习题 1. 考虑由函数

$$y = f(x) = x^3 - px$$

给出的立方抛物线 L, 其中 p 为正数. 函数 $f(x)$ 的图像 L 与横坐标轴相交于 a_{-1}, a_0, a_1 这三个点, 其横坐标分别等于 $-\sqrt{p}$, 0, $\sqrt{p}$. 用 L_1 表示曲线 L 上从点 a_{-1} 到点 a_0 的弧线, 它位于横坐标轴以上. 计算弧线 L_1 与横坐标轴上的线段 $[a_{-1}, a_0]$ 之间的平面区域 P 的面积 S.

答案. $S = p^2/4$.

根据 §7 的公式 (16),

$$S = \int_{-\sqrt{p}}^{0} f(t)\,\mathrm{d}t. \tag{35}$$

因为函数

$$h(x) = \frac{1}{4}x^4 - \frac{p}{2}x^2$$

是函数 $f(x)$ 的原函数, 所以定积分 (35) 等于

$$\int_{-\sqrt{p}}^{0} f(t)\,\mathrm{d}t = h(0) - h(-\sqrt{p}) = \frac{p^2}{4}.$$

习题 2. 利用 §7 的公式 (16) 计算半径为 r 的圆的面积 S.

答案. $S = \pi r^2$.

为了完成计算, 取半径为 r 且圆心位于坐标原点的圆周, 其方程为 $x^2 + y^2 = r^2$, 即 $y = \pm\sqrt{r^2 - x^2}$.

考虑坐标平面第一象限中的圆弧, 其方程为 $y = f(x) = \sqrt{r^2 - x^2}$, 其中 x 从 0 变到 r. 因此, 圆位于第一象限中的部分的面积可以写为定积分

$$\int_0^r \sqrt{r^2 - t^2}\, \mathrm{d}t.$$

函数

$$h(x) = \frac{r^2}{2} \arcsin \frac{x}{r} + \frac{x}{2} \sqrt{r^2 - x^2}$$

是函数 $f(x)$ 的原函数 (见 §6 习题 2), 从而有

$$\int_0^r \sqrt{r^2 - t^2}\, \mathrm{d} = h(r) - h(0) = \frac{\pi r^2}{4}.$$

因此, 整个圆的面积等于 πr^2.

§8 习题

习题 1. 证明: 无穷正项级数

$$S = \frac{1}{1 \cdot 2} + \frac{1}{2 \cdot 3} + \frac{1}{3 \cdot 4} + \cdots + \frac{1}{n(n+1)} + \cdots \qquad (36)$$

收敛, 并计算它的和.

答案. $S = 1$.

为了计算无穷级数 (36) 的和 S, 我们组成前 n 项的和

$$S_n = \frac{1}{1 \cdot 2} + \frac{1}{2 \cdot 3} + \frac{1}{3 \cdot 4} + \cdots + \frac{1}{n(n+1)}.$$

注意到

$$\frac{1}{k(k+1)} = \frac{1}{k} - \frac{1}{k+1},$$

所以

$$S_n = \frac{1}{1} - \frac{1}{2} + \frac{1}{2} - \frac{1}{3} + \frac{1}{3} - \frac{1}{4} + \cdots + \frac{1}{n} - \frac{1}{n+1}$$

$$= 1 - \frac{1}{n+1}.$$

因此, 当 n 无限增大时, 和 S_n 趋于 1, 所以无穷级数 (36) 的和等于 1.

§10 习题

习题 1. 证明: 当 x 无限增大时, 函数

$$f(x) = \frac{e^x}{x^k}$$

总是趋于无穷大, 其中 k 是任意正整数.

答案. 根据在 §10 中证明的结果, 我们有

$$e^x = \lim_{n \to \infty} \left(1 + \frac{x}{n} \right)^n,$$

所以

$$e^x > \gamma_n (k+1) \frac{x^{k+1}}{(k+1)!}$$

(见 §10 (7)). 当 $n \to \infty$ 时在这个关系式中取极限, 得到

$$e^x \geqslant \frac{x^{k+1}}{(k+1)!}.$$

因此, 当 x 是正数时, 我们有

$$f(x) = \frac{e^x}{x^k} \geqslant \frac{x^{k+1}}{(k+1)! \, x^k} = \frac{x}{(k+1)!}.$$

显然, 当 x 趋于无穷大时, 此式右边趋于无穷大, 这就证明了上述命题.

§11 习题

习题 1. 证明: 当 $x \to \infty$ 时, 函数

$$f(x) = \frac{(\ln x)^k}{x}$$

趋于零, 其中 k 是任意正整数.

答案. 利用 §10 习题 1 完成证明.

习题 2. 画出以下函数的图像:

$$y = f(x) = \frac{\ln x}{x}.$$

答案. 函数 $f(x)$ 在区间 $0 < x \leqslant e$ 上是递增的, 在 $-\infty < f(x) \leqslant 1/e$ 的范围内变化; 在区间 $e \leqslant x < \infty$ 上是递减的, 并趋于零; 在点 $x = e$ 达到极大值.

习题 3. 解微分方程

$$f'(x) = \lambda f(x), \tag{37}$$

其中 $f(x)$ 是未知函数, 而 $\lambda \neq 0$ 是给定的数.

答案.

$$f(x) = c\,e^{\lambda x}, \tag{38}$$

其中 c 是任意常数.

首先, 直接代入即可验证, 函数 (38) 显然是方程 (37) 的解. 现在证明, 方程 (37) 的任何一个解都可以写为 (38) 的形式. 为此, 构造辅助函数

$$g(x) = f(x)\,e^{-\lambda x}. \tag{39}$$

我们来证明

$$g'(x) = 0.$$

其实, 我们有

$$g'(x) = f'(x)\,\mathrm{e}^{-\lambda x} - f(x)\lambda\,\mathrm{e}^{-\lambda x} = \mathrm{e}^{-\lambda x}(f'(x) - \lambda f(x)) = 0,$$

所以函数 (39) 是常数 c, 即

$$f(x)\,\mathrm{e}^{-\lambda x} = c,$$

从而推出 (38).

方程 (37) 描述包括放射性衰变在内的一系列现象. 在放射性衰变过程中, 如果用 $f(t)$ 表示未衰变物质在时刻 t 的总量, 则在从时刻 t 到时刻 τ 的微小时间间隔内发生衰变的物质总量正比于未衰变物质总量和时间间隔 $\tau - t$. 因此, 我们有

$$f(\tau) - f(t) = -\alpha f(t)(\tau - t).$$

用 $\tau - t$ 除这个关系式并取极限, 就得到

$$f'(t) = -\alpha f(t).$$

根据已经证明的结果, 函数

$$f(t) = c\,\mathrm{e}^{-\alpha t} \tag{40}$$

是这个方程的解. 如果未衰变物质在初始时刻 $t = 0$ 的总量为 f_0, 则把 $t = 0$ 代入关系式 (40), 我们得到

$$f(0) = c\,\mathrm{e}^{-\alpha \cdot 0} = c,$$

所以未衰变物质总量由公式

$$f(t) = f_0 \, \mathrm{e}^{-\alpha t}$$

给出. 全部已有的未衰变物质衰变一半所需时间称为半衰期. 如果用 t_0 表示半衰期, 则从 (40) 可知, t_0 的值可由公式

$$\mathrm{e}^{-\alpha t_0} = \frac{1}{2}$$

确定, 所以

$$t_0 = \frac{\ln 2}{\alpha}.$$

习题 4. 容易验证 $\ln 1 = 0$, 所以从 §11 公式 (5) 可以推出

$$\ln x = \int_1^x \frac{\mathrm{d}\xi}{\xi}.$$

请把这个公式当作函数 $\ln x$ 的定义, 据此证明函数 $\ln x$ 的基本性质:

$$\ln(x_1 x_2) = \ln x_1 + \ln x_2,$$

再证明函数 e^x 是 $\ln x$ 的反函数, 即 e^x 是方程 $\ln y = x$ 的解 $y = \varphi(x)$.

§13 习题

习题 1. 证明: 当 $x \to 0$ 时, 函数 $\sin(1/x)$ 不趋于任何一个极限. 更完整地说, 可以选取收敛于零的正数列 x_1, $x_2, \cdots, x_k, \cdots$, 使

$$\lim_{k \to \infty} \sin \frac{1}{x_k} = c,$$

其中 c 是介于 -1 与 1 之间的任意的数.

答案. 选取 $x_k = 1/(2k\pi + \alpha)$, 其中 $\alpha \geqslant 0$. 显然,

$$\lim_{k\to\infty} x_k = 0, \quad \lim_{k\to\infty} \sin\frac{1}{x_k} = \sin\alpha.$$

习题 2. 证明: 函数

$$f(x) = x\sin\frac{1}{x} \tag{41}$$

是连续的, 但是当 $x = 0$ 时没有导数.

答案. 为了求出 $f'(0)$, 我们应该写出商

$$\frac{f(\xi) - f(0)}{\xi - 0} = \frac{\xi\sin(1/\xi)}{\xi} = \sin\frac{1}{\xi}, \tag{42}$$

但是因为当 $\xi \to 0$ 时, 函数 $\sin(1/\xi)$ 不趋于任何一个极限 (见习题 1), 所以商 (42) 这时也不趋于任何一个极限. 因此, 当 $x = 0$ 时, 函数 (41) 没有导数.

附录: 庞特里亚金自述[①]

　　我已经 70 岁了, 作为成名已久的著名数学家, 现在想说说我什么时候在选择职业的问题上拿定了主意. 我觉得我在 13 岁以前没有关心过未来职业的问题, 也没有表现出对数学的任何特别兴趣, 反而非常喜欢工科, 电动机、电火花之类的东西都让我觉得很有意思. 我从 1916 年开始在莫斯科的市立学校[②]接受教育. 我上不起更好的学校, 因为父母的经济条件有限. 我的母亲是裁缝, 而父亲按职业来说是会计, 但那时还在当兵, 是下士. 后来, 十月革命之后, 我转入了当时普及的九年制中学.

　　我在 13 岁时因为意外事故完全失明, 在此之后, 选择职业的问题变得非常严峻和复杂. 首先考虑的是音乐. 我直

　　① 1978 年发表于期刊《数学进展》(Понтрягин Л. С. Краткое жизнеописание Л. С. Понтрягина, составленное им самим. Успехи математических наук, 1978, 33(6): 7—21. 英文版: Pontryagin L. S. A short autobiography of L. S. Pontryagin. Russian Mathematical Surveys. 1978, 33(6): 7—24), 经过少量删节收录于《初识高等数学: 微分方程及其应用》一书, 本文译自该删节版. 译者补充了索引. 霍晔先生阅读了附录全文并提出了独到的修改建议, 译者深表感谢. 希望了解作者传奇一生的读者还可以阅读其长篇自传: Л. С. 庞特里亚金. 庞特里亚金自传. 霍晔译. 北京: 高等教育出版社, 2024. 宋健院士的回忆文章也值得一读: 宋健. 睿贤庞特里亚金. 系统与控制纵横, 2015, 2(1): 5—10.

　　② 在俄国 (和苏联), 小学和中学一般是合在一起的同一所学校, 没有小学、初中和高中的区别. 在下文中, 中学特指这样的学校.

到中学毕业都在学音乐, 但由于完全没有天赋, 所以没有取得任何成绩. 还考虑过一些文科作为可能的选项, 尤其是历史. 那时候, 数学对我来说并不容易, 我从来没有想过它能成为我的职业. 然而, 到了八年级, 特别是在九年级时, 我对数学产生了真正的兴趣, 到中学快毕业时已经掌握了一些高等数学知识——知道笛卡儿坐标, 喜欢推导曲线方程, 会求导数和极大值、极小值. 不过, 我对集合论和其他一些"高级"理论一无所知. 我的高等数学知识来自一些小册子和百科全书中的文章, 特别是拉赫京教授在一套多卷本百科全书中的文章《高等数学》给我留下了深刻记忆 (格拉纳特百科全书. 第 7 版. 第 12 卷, 第 66 页). 中学毕业时, 我对数学的酷爱已经到了不再考虑任何其他职业的程度, 所以莫斯科大学物理学数学系成为我唯一的可选项.

三年前, 我作为苏联科学院编辑出版委员会成员看到一本写给初学者的高等数学书, 内容非常糟糕. 这促使我又读了一遍拉赫京的上述文章, 以便切实回顾我自己在少年时期学过什么. 拉赫京的文章再次带给我极好印象, 只可惜篇幅太短了. 因此, 我希望利用自己多年积累的教学和科研经验, 用一种对少年时期的我来说最容易接受的方式阐述高等数学的基本内容. 我决定以"初识高等数学"为共同书名写四本篇幅不长的普及读物, 其中的第一本书《坐标法》已经出版, 第二本书《无穷小分析》已经几乎完稿.

我平生写了几本数学书, 一共有六七本. 我写书的个人经验以及在苏联科学院编辑出版委员会的工作使我得出一个很有意思的结论: 越用心写的书越薄, 相应劳动量也越多.

粗略地说，作者如果加倍用心写，就会让书的厚度减半，从而也就让两倍劳动换来的稿酬减半. 因此，作者的劳动所得与稿件质量的平方成反比. 用这个有趣的规律也许可以解释为什么会出现这么多又厚又重的科学书籍. 厚书更容易写，收入也更丰厚.

在我最终决定上莫斯科大学物理学数学系并于 1925 年入学时，我却根本不知道毕业后做什么. 那时候，大学数学专业毫无前途，而中学更喜欢要师范专业的毕业生去教书. 高等院校很少，需要数学知识的科研工作更少之又少. 高等工科教育和科研工作的广泛开展直到 30 年代才开始，这与苏联在五年计划中的宏伟工业化政策有关.

那时候，上大学不仅没有多少好处，而且困难重重. 当时严格执行在工人阶级中培养新知识分子的政策，所以对于职员家庭出身的我来说，上大学是一件困难的事，需要有所谓的派遣证. 我寄希望于以优秀毕业生的身份获得中学的派遣. 其实，那一年我们学校有两个上大学的名额，其中一个名额是给我的，但是区教育局不愿意批准我的派遣资格，因为区里认为我在大学接受教育是不可能的. 我们不得不到教育部找关系，我的教父认识部里的人. 最后，我获得了俄国共产党 (布尔什维克派) 中央委员会和职业教育总局的一个基金会的派遣，这实际上使我能够几乎免试进入大学.

成为大学生后，我一开始特别想念中学和那里的伙伴们. 在初入大学的日子里，才华横溢的年轻教师叶夫列莫维奇给了我巨大帮助，他的热情态度让我感到很温暖. 不过，我很快就在大学同学中结识了新朋友, 并全心投入学业. 我在上课时能够立刻记住并理解一切, 从来不记笔记. 我现在仍然认为记笔记只有坏处, 因为这会分散听课人的注意力并影响理解课堂内容. 我的方法是, 听完一次课后, 在下一次讲同样科目之前, 我在脑海中仔细再回想一遍课堂内容, 这样就能在考试之前把整个课程内容几乎都熟记于心[①].

我尽管拥有非凡的数学能力, 但还是集中全部精力按教学计划学习大学一年级课程, 而不是像其他一些学生那样在一年级时就去听辛钦的课, 好像是集合论和实变函数论. 我觉得热加尔金的数学分析课和比施根斯的解析几何课都相当有趣, 内容也很丰富. 梅尼绍夫的高等代数课讲得太慢, 让我有些厌倦, 以至于我提前二三十分钟就能预测他将要说什么.

在四年的学习中, 我从早到晚待在大学里, 回家时筋疲

---

① 莫斯科大学的课程设置和考试制度很有特色, 这里简单介绍一下, 以便读者理解下文. 低年级学生的主要任务是上基础课, 每门基础课都分为讲座和习题课这两个环节. 讲座就是通常所说的大课, 很多学生 (通常上百人) 一起在大教室听教授讲一门课的理论部分. 习题课一般称为讨论班或研讨班, 小班教学, 由讲师、副教授主持, 学生们轮流在黑板上做题, 讨论作业, 完成测验. 到期末考试前, 学生必须通过讨论班上的考查 (笔试或口试) 才有资格参加正式的期末考试. 期末考试的形式通常是口试, 口试内容主要是向主考教授回答通过抽签得到的一两道理论题目, 而所有这些题目合在一起就是这门课的教学大纲. 主考教授也会进一步问一些其他问题, 有很大随意性. 因此, 要想在期末考试中取得好成绩, 必须熟悉理论框架和具体的讲课内容, 这对学生来说是很大的挑战, 不是单单会做题那么简单. 复习备考的工作量很重, 考试前熬夜很常见. 到了中高年级, 学生按专业方向分到各教研室并由导师专门指导, 专业基础课和选修课逐渐变多, 习题课变少, 讨论班的学习内容也变为轮流做报告, 带有研究的性质.

力尽, 饥肠辘辘——我没有钱去食堂吃饭. 大学二年级上到一半的时候, 我的父亲去世了, 于是我开始争取助学金, 最终也拿到了, 但过程并不容易. 需要指出的是, 当时只有少数人拿到了助学金. 27 卢布的助学金买不了什么, 但学生们有一些福利, 放暑假时可以免费坐火车. 从 1927 年开始, 我就利用免费坐火车的机会去海边度假. 在二年级结束后, 我和母亲去了巴拉克拉瓦, 然后去了科列伊兹, 最后在四年级结束后去了加格拉①. 我记得两个人在海边住一个月的费用大约是 100 卢布, 但由于坐火车不花钱 (出于某种原因, 我母亲也可以免费坐火车), 这是完全可以承受的奢侈.

上学阶段的不愉快回忆之一是从家坐有轨电车去大学的往返路程, 这段路不算短. 当时电车里塞满了人, 上下车都很困难. 此外, 电车经常出状况, 长时间停在半路. 有时, 售票员在途中会突然宣布:"电车不再前行, 请乘客下车."然后就必须另找一辆电车, 这对我来说非常不容易.

从二年级起, 我不再只听必修课, 开始选择一些选修课和讨论班. 那时候, 讨论班在物理学数学系起重要作用, 是大学教育非常关键的组成部分. 我正是从那时开始学习拓扑学, 这成为我持续多年的主要研究对象. 拓扑学课和讨论班由亚历山德罗夫主持, 当时他还只是大学里不太出名的副教授.

我在二年级时在辛钦指导下试了试解析数论的研究, 但这次尝试完全失败了. 为了参加辛钦的讨论班, 我用几天时

---

① 这些都是黑海岸边的度假胜地.

间学习了复变函数论,但并没有完全掌握. 在讨论班的第一次课上,我提了一个愚蠢的问题,辛钦的回答相当冷淡,在我看来甚至有些轻蔑. 总之,辛钦的讨论班被冷冰冰的气氛笼罩,这个研究对象本身对我来说也不太适合.

亚历山德罗夫的讨论班完全是另外一种气氛,亲切而温暖. 学生人数不多的课经常在他家里上,这给同学们带来一种特殊的亲近感. 我很快就被他强大的个人魅力所吸引,这样的影响持续了很多年. 我记得亚历山德罗夫那时大约有四分之三的时间在国外,他在夏初离开,到下一个夏末才带着拓扑学领域的各种新想法回到国内. 在我二年级快开始时,亚历山德罗夫刚刚从国外回来,带着组合拓扑学的新想法. 他的课算不上完美,但全新的内容让他的课带有特别的新鲜感. 作为二年级学生,我在他的课上知道了亚历山大对偶定理. 到二年级期末时,我在这个定理的基础上获得了拓扑学领域中的最初一些成果.

大学三年级是在没有拓扑学的情况下度过的,因为根据上述规律,亚历山德罗夫当时在国外. 不过,我听了叶戈罗夫的几门非常有趣的课,特别喜欢他讲的积分方程. 我在三年级还听了卡甘的课并参加了他的讨论班,从而对张量分析和黎曼几何学产生了兴趣. 尽管科目本身对我来说很有意思,但卡甘讲课的速度慢得可怕,让我很沮丧,而我在这个领域进行独立研究的尝试也被泼了冷水,我在卡甘讨论班上的努力看来就像吃了熊心豹胆擅闯禁地一样. 卡甘评判学生能力的依据恐怕是他自己的个人喜好.

四年级开学时,亚历山德罗夫从国外回来,还带来了埃米·诺特教授①. 于是, 我在大学四年级又回到了拓扑学, 还听了诺特小姐的近世代数学课. 这些课的完美程度令人惊叹, 在这个意义上有别于亚历山德罗夫的课, 并且课堂内容又不空洞乏味, 让我觉得非常有趣. 诺特小姐的课是用德语讲的, 但由于表达异常清晰, 所以很容易理解. 这位著名德国数学家的第一堂课吸引了大量听众. 读完大学四年级, 通过毕业论文答辩, 我就大学毕业了. 那时的年轻人没有读书年头太长的烦恼. 中小学 9 年, 大学 4 年, 我现在仍然觉得这就足够了. 无论如何, 在大学四年级快结束时, 我对考试已经有强烈的厌恶情绪.

大学毕业后, 我又在大学里用两年完成了研究生学业, 导师是亚历山德罗夫. 这是一个重要变革时期, 包含多次大型考试的旧研究生培养制度已经被废除, 而新制度还没有建立起来. 因此, 我在研究生阶段只研究数学, 甚至还有 175 卢布的助学金, 这彻底改变了我的经济状况. 用两年就研究生毕业并不意味着我提前完成了什么或者通过了学位论文答辩, 当时根本没有学位论文, 只是领导通过了决议, 认为我的水平已经够了, 并把我转成莫斯科大学数学与力学研究所的研究员, 工资为 170 卢布, 这甚至让我遭受了一些经济损失. 其实, 我在研究生第一年结束后就当上了大学副教授, 工资为 47 卢布, 并与施密特一起讲近世代数学和群论的课. 我们轮流讲, 但我们两人每次课都到场. 我的职责还包括在

---

① 埃米·诺特 (Emmy Noether, 1882—1935) 是杰出的德国女数学家, 被誉为"近世代数学之母". 诺特教授终身未婚, 所以作者在下文中称她为诺特小姐.

讲课当天早上提醒施密特来上课，但是因为我没有电话，所以我母亲会去药店给他打电话. 我至今还记得我在第一次讲课前是多么害怕.

与专业工作有关的各种类型的恐惧一直困扰着我，现在仍然如此. 每一个新的开始都会引起焦虑，因为不清楚我能否应付得了. 未完成的科研工作会引发恐惧，因为我担心根本无法完成，白白浪费几年的艰苦努力. 已经完成的科研工作也会引发恐惧，因为可能会出现错误. 所有这些对有可能失败的恐惧形成了专业工作的沉重情绪压力，但它们同时大概也是克服困难和认真完成工作的原动力.

只有高质量完成工作才能带来快乐! 敷衍了事是令人厌恶的，也会逐渐使人产生不道德的劳动态度.

从研究生到研究员的转变其实对我的日常活动没有带来任何变化，我只钻研数学，所以现在很难回忆起什么时候做了什么. 我开始研究拓扑学和代数学，更确切地说，研究这两个数学领域相互交织的问题. 还在研究生阶段时，我在亚历山德罗夫的影响下研究了同调维数论，并按照自己的想法继续研究了拓扑对偶定理. 我利用维数论中的同调思想构造了两个二维紧集，其拓扑积是三维的，而这就推翻了关于拓扑积的维数等于各因子维数之和的旧假设. 我的这个结果给亚历山德罗夫留下了深刻印象，他对我说："10 年后您[①]会当选院士." 预言并没有实现，我在 10 年后只当选了

[①] 俄国人在对话时一般以"您"相称，以示尊敬或礼貌，师生彼此之间也不例外. 只有亲属和关系非常亲近的朋友之间才称呼"你".

通讯院士①. 关于拓扑积维数的这个结果, 我最初打算作为礼物送给一位女学生, 我对她有一些微妙的感觉. 但后来我又有些舍不得, 就送给她另一个稍微差一点的.

为了获得类似于亚历山大对偶定理的最完整的结果, 我用连续可交换紧拓扑群的形式构造了紧拓扑空间同调群, 并且该群是离散可交换群的特征标群. 这就让我更接近后来由我建立的可交换拓扑群特征标理论, 并首次遇到同时涉及拓扑运算和代数运算的对象.

柯尔莫戈洛夫也遇到了这类对象, 但问题的提法更为广泛. 他对以下事实深信不疑: 如果在一个集合中同时定义了拓扑运算和代数运算, 并且这些代数运算相对于该集合所具有的拓扑是连续的, 则这个集合的结构必定相对简单, 接近经典数学对象的结构. 他曾经尝试按照这个思路解决常曲率空间 (欧几里得空间、罗巴切夫斯基空间和黎曼空间) 的自然公理化问题. 柯尔莫戈洛夫向我提出了一个有趣的同一类思路的问题: 研究连通的局部紧代数域, 不必局限于乘法可交换的域. 柯尔莫戈洛夫的假设是, 这样的域只能是实数域、复数域和四元数域. 在提出问题一周后, 我告诉亚历山德罗夫, 对于乘法可交换的域, 我已经解决了问题. 亚历山德罗夫、柯尔莫戈洛夫和我随后立刻聚在亚历山德罗夫家里展开讨论. 柯尔莫戈洛夫用带着一丝讽刺的怀疑口气对

---

① 苏联科学院的成员分为两个级别, 院士为高级成员, 通讯院士为初级成员. 通讯院士的称谓有其历史渊源, 因为在以前通讯、交通都不发达的时代, 部分科学院成员因为种种原因无法直接参加学术会议, 只能通过信件与科学院进行交流.

我说:"好吧, 列夫·谢苗诺维奇 [1], 听说您已经解决了我的问题. 我们洗耳恭听." 我刚说出第一个结果, 柯尔莫戈洛夫就说我错了, 但我立即反驳了他, 然后他说:"是的, 看来这个问题比我想象的要容易得多." 我的全部其他结果没有再引起疑问. 对于乘法不可交换的域, 这个问题变得无比困难, 我花了整整一年才解决. 不过, 后来我利用其中一个最关键的结构来研究局部紧拓扑交换群, 从而使我能够为它们建立特征标理论, 这是我最重要的成果之一.

科研工作取得成功所带来的快乐无法掩盖逐渐增长的内心焦虑——我所做的一切到底有什么用? 这个疑问越来越强烈地摆在我面前, 毕竟最大胆的幻想也不可能让同调维数论有朝一日应用于工程、物理或者我们周围任何实际存在的物质对象. 大学数学圈子中逐渐形成的公众舆论加剧了这种焦虑. 已经有许多人说, 不能只研究纯数学而不考虑其应用. 在与同行们的谈话中, 我自己也开始表达这种观点. 有一天, 我想是在 1932 年, 年轻的物理学家亚历山大·亚历山德罗维奇·安德罗诺夫没有提前打招呼就直接来到我家, 我以前根本不认识他. 他告诉我, 他听说我希望搞应用数学, 所以想向我介绍一些东西. 我从他那里第一次听说了相平面、极限环和其他类似的概念. 他还说, 所有这些概念在各种工程领域中都有应用, 特别是在振动理论中. 从那时起,

---

[1] 本书作者全名是列夫·谢苗诺维奇·庞特里亚金, 其中列夫是名, 谢苗诺维奇是父称 (父亲名为谢苗), 庞特里亚金是姓. 俄国人通常连用名和父称来称呼对方和第三方, 以示尊敬或礼貌, 师生彼此之间也不例外. 亲属、朋友、同学之间一般直接以名相称. 以名相称的范围比以"你"相称的范围 (见第 122 页脚注) 大得多.

我与安德罗诺夫之间的友谊保持了 20 年，直到他去世．在这 20 年里，我一直是安德洛诺夫的数学顾问．遗憾的是，他没有向我介绍他自己在应用数学方面的任何工作，看来他认为不应该因为他自己而打扰我的数学研究．他去世之后，我才亲自了解了他的应用数学研究工作．

安德罗诺夫不仅是杰出的科学家，其为人也堪称完美．在我看来，他的主要特质是对国家发生的一切有强烈的责任感．与他相识后，我在他的影响下开启了一个新的数学研究方向，这个方向最终取代了我感兴趣的所有其他方向，所以我后来不再研究抽象问题，只研究应用问题．在刚刚认识安德罗诺夫时，我受他影响做了一些关于微分方程的工作．具体来说，我研究了近哈密顿系统，并参与了安德罗诺夫关于粗微分方程组的研究．此后，我没有再主动研究这个方向．我和一群大学同学在家里研究了庞加莱关于由微分方程给出的曲线的一系列论文，莫尔斯的一系列论文，以及伯克霍夫的书《动力系统》．后来，庞加莱和莫尔斯的论文对我的工作帮了大忙，而伯克霍夫的书晦涩难懂，毫无用处．

我在战争期间产生了一种必须做一些实际应用研究的紧迫感，并在此驱使下加强了应用数学领域的研究．我完成了两项工作，一项是研究基本超越函数的零点，另一项是研究不定测度希尔伯特空间中的埃尔米特算子．这些工作是疏散期间在喀山完成的，大约在 1942 年．最后，我在 1952 年完全转向应用数学问题，见下文．

在证明类似于亚历山大对偶定理的一般定理和研究连续代数域时，我第一次遇到了连续的代数对象，后来我在这个领域取得了一系列重要结果，建立了连续群的一般理论. 这些结果以及关于李群的已知经典结果构成了我的专著《连续群》，其俄文版在 1938 年出版，1939 年在美国被译为英文. 这是我写的第一本书，使我在苏联和国外广为人知. 1941 年，我因为这本书获得了国家奖金. 这笔奖金在战争期间为我提供了重要的物质支持，如同雪中送炭. 在战前和战时，科研人员的物质保障并不像现在这么好. 尽管我有一些储蓄，但在战争期间无法取出，因为每个月只能从一个存折取出最大限额两百卢布. 而存折上的国家奖金却有特殊地位，每个月可以取一千卢布. 在疏散到喀山的时候，我们用这些钱购买高价的黄油和糖，所以不必去集市变卖家中物品就能填饱肚子.

1934 年，杰出的法国数学家埃利·嘉当来莫斯科访问. 不是仍然在世的那个嘉当，而是他的父亲老嘉当. 我仔细听了嘉当的报告，更确切地说，是尼娜·卡尔洛夫娜·巴里为我低声从法语翻译成俄语的报告. 这次报告提出了一个非常吸引我的问题——求紧李群的贝蒂数. 嘉当无法解决这个问题，但认为可以通过研究流形上的反对称形式来解决. 我用完全不同的方法解决了这个问题，这种方法的基础是莫尔斯方法，后者恰好在这里对我有用. 求贝蒂数的这种方法，更确切地说，在由许多方程给出的流形上寻找闭链的方法，后来被我应用于具有重要应用的其他流形，见下文.

由嘉当提出的求紧李群贝蒂数的问题很有难度，解决这个问题是我的巨大成功. 我在 1935 年莫斯科国际拓扑学会议上介绍了我的解法. 这次报告对我来说还有特殊意义，因为它是我第一次用英语做的报告.

早在 1931 年, 我曾经接到与母亲一起去美国访问一整年的邀请, 但没有成行. 尽管如此, 我在做访美准备时努力学习了英语. 我的英语水平虽然非常有限, 但那时我也在积极使用英语, 第一次就是在 1935 年. 此后就没机会了, 因为国际联系几乎完全中断了很多年. 后来, 当我开始出国时, 我的英语又恢复了. 1969 年, 我首次用英语在斯坦福大学讲了一门课, 此后就能相对轻松地用英语在国外讲课.

关于同调维数论的研究对我选择拓扑学领域的研究课题产生了重要影响. 同调维数论的主要问题是用集合论语言找到紧集维数的同调等价对象. 这个非常困难但很有趣的问题后来是由亚历山德罗夫解决的, 在此之前, 我也进行了尝试, 只是走上了一条错误的道路. 我认为, 似乎需要给出 $n+k$ 维球面到 n 维球面上的映射的同伦分类才能解决这个问题. 当我提出这个问题时, 霍普夫已经解决了 $k=0$ 的情况和 $n=2, k=1$ 的情况, 并且在所有这些情况下都发现, $n+k$ 维球面到 n 维球面上的映射具有数量可数的类型. 1936 年初夏, 我解决了 $k=1$ 和 $k=2$ 的情况. 令我惊讶的是, 当 $n \geqslant 3$ 时, $n+k$ 维球面到 n 维球面上的映射对于上述情况只有两类. 这让我大感震撼, 以至于直到现在, 一提起 1936 年就让我想起这个结论. 然而, 1936 年对我来说还关系到另一个重要事件——我与我的导师亚历山德罗夫之间的关系变得紧张起来, 最终导致我公开反对他. 当时, 卢津受到了数学界的严厉批判. 在数学家针对卢津的一次批判大会上, 我以相当尖锐的形式指出了亚历山德罗夫的一

些不恰当做法 [1]. 在我发言之后, 亚历山德罗夫坐到我旁边感谢我对他的正确批评. 从那时起, 我觉得自己成了一个独立的数学家, 不再依附于亚历山德罗夫. 尽管在不同问题上我与他时近时远, 但我对亚历山德罗夫作为导师的依附关系已经结束. 在科学领域中, 导师与学生的关系总是非常复杂的, 但我认为, 这种师生关系自然发展的结果是学生应该完全独立于自己的导师.

我花了很长时间研究 $n+k$ 维球面到 n 维球面上的映射的同伦分类, 但对于 $k > 2$ 的情况没有得到具体结果. 我在 50 年代得到了与这个问题有关的一系列一般理论和重要关系. 从 1950 年冬到 1951 年冬, 我以这个主题为内容讲了一门持续一年的课, 亚历山德罗夫也亲自听了我的课. 我根据课程内容写了一篇长文, 以单行本的形式作为斯捷克洛夫数学研究所著作在 1955 年出版, 名为《光滑流形及其在同伦理论中的应用》. 还是在战前, 在尝试解决球面到球面上的映射的上述同伦分类问题时, 我构造了通常所说的光滑流形示性类, 现在称为庞特里亚金类. 我更详细地讲讲这个问题.

考虑 $k+l$ 维欧几里得空间 $\mathbb{R}^{k+l}$ 中通过某个固定点 o 的所有 k 维定向欧几里得子空间的集合, 这个集合自然地构成一个流形, 记为 H_{kl}. 如果在该欧几里得空间中有一个 k 维光滑定向流形 M^k, 则只要让流形 M^k 的每个点 x 与该

---

① 庞特里亚金发言指出, 导致卢津现状的重要因素之一是他被阿谀奉承所包围, 而亚历山德罗夫对上谄媚, 对下高傲.

流形在该点处的切平面 T_x 相对应, 然后在集合 H_{kl} 中取平行于切平面 T_x 的平面 $T(x)$, 我们自然就得到流形 M^k 的映射 T, 它把流形 M^k 的点 x 映射到流形 H_{kl} 上的点 $T(x)$. 这个映射 T 称为流形 M^k 的切映射. 结果表明, 当 l 足够大时, 切映射在同伦意义上不依赖于流形 M^k 嵌入欧几里得空间的方式. 因此, 切映射 T 的同调不变量是光滑流形 M^k 的不变量. 为了找到这些同调不变量, 需要计算流形 H_{kl} 中的同调. 我仍然用莫尔斯方法完成了这项工作, 就像我用这个方法计算紧李群中的同调一样. 光滑流形的示性类未能帮助我解决球面之间映射的分类问题, 但是其他数学家独立找到了流形示性类的大量应用. 与流形示性类有关的主要问题之一是, 它们是否是流形 M^k 的拓扑不变量, 或者它们是否与其中的光滑性的选择无关. 我没能解决这个问题. 多年以后 (1967 年), 它被诺维科夫解决了 (回答是肯定的).

作为一名学者, 我的正式职位在大学毕业后的 10 年里有很大变化.

1934 年, 苏联科学院从列宁格勒搬迁到莫斯科, 斯捷克洛夫数学研究所 (简称斯捷克洛夫研究所) 也随之搬迁到莫斯科. 搬迁结束后, 以所长维诺格拉多夫为代表的领导层邀请我全职加入斯捷克洛夫研究所. 但我很难离开大学, 所以一直拖着没给答复, 直到他们同意我在加入研究所的同时还保留大学的教学工作后, 我才答应接受邀请.

1935 年, 当我来斯捷克洛夫研究所工作时, 我还不太了解研究所的分量. 其实, 当时它就是主要的世界级数学研究中心之一, 现在仍然如此.

斯捷克洛夫研究所的创始人和终身所长维诺格拉多夫一直认为, 研究人员的选拔是他最重要的任务. 他尽力让最优秀的年轻学者聚集在自己的周围. 因此, 受邀加入斯捷克洛夫研究所对我来说是至高无上的荣誉. 我与维诺格拉多夫的关系发展得非常缓慢和复杂. 每当我想吸收新员工加入研究所时, 都会发生摩擦. 维诺格拉多夫每次都会强烈反对, 所以每个候选人都会受到仔细审核. 这是维诺格拉多夫的通用方法, 从而导致斯捷克洛夫研究所的人数很少 (总共约 150 名员工). 这也让斯捷克洛夫研究所与大多数研究所形成了鲜明的对比, 许多研究所在成立之初就计划招聘几百名员工. 凭借员工们的努力, 特别是所长的崇高威望, 斯捷克洛夫研究所对我们国家的整个数学界有重要影响: 选举苏联科学院数学部新成员, 向数学家颁发列宁奖金、国家奖金和各种冠名奖金, 授予数学学位和职称, 数学领域的国际交流, 出版数学书籍——这只是斯捷克洛夫研究所能够主导的活动的不完整清单.

斯捷克洛夫研究所的大多数员工, 还有研究所以外的许多数学家, 在需要做出重大决定时都会倾听维诺格拉多夫的建议.

在研究所工作的头 30 多年中, 我只从事了数学研究, 完全没有参与其他事务. 但从 1969 年起, 我开始与研究所员工和所长一起从事组织工作. 在过去的 10 年里, 我与维诺格拉多夫走得很近, 成为他最亲密的同事之一.

1934 年, 苏联引入了职称和学位. 为了授予学位和职称, 需要让当时已经相当知名的一些学者立即先获得学位和职称, 以便学术委员会能够进一步执行程序. 我是免答辩获得博士学位的最早一批数学家之一. 与此同时, 似乎也是在没有任何程序的情况下, 我还获得了教授职称.

我的学术地位在 1939 年发生了更大变化, 当年我当选苏联科学院通讯院士. 与现在一样, 当时也是由科研机构提名候选人. 作为莫斯科数学会成员, 我在提名过程中扮演了既积极又消极的角色.

数学会成员在相关会议前不久获悉, 根据党中央的决定, 最高苏维埃代表提名索博列夫和穆斯赫利什维利为院士候选人.

因为关于党中央上述决定的消息不是正式的, 所以在数学会的会议上, 这个提名方案以党组织推荐的形式提出. 于是, 我斗胆发言, 从多个角度强烈反对党组织的这个方案. 在会议期间, 我的发言没有产生任何影响, 仍然只有索博列夫和穆斯赫利什维利被提名为院士候选人. 然而, 我们很快就得知, 我的发言还是起了作用. 原来, 党中央委员会根本没有这个决定, 数学会因而重新进行了院士候选人提名. 在数学会重新召开的会议上, 获得提名的不仅包括索博列夫和穆斯赫利什维利, 还包括柯尔莫戈洛夫和我. 前三位确实当选了院士, 而我当选了通讯院士.

我在这里描述的情况表明, 需要谨慎对待关于某个高级组织已经就某个问题做出决定的非正式消息. 这类非正式消息当然可能偶然出现, 但也可能意在误导. 最近也有这样的假消息, 我不想在这里详细讨论相关问题. 这旨在破坏苏联数学机构的工作, 以便为外国反苏集团实现其反苏目标提供可能的机会.

我早年有过两次公开发言, 第一次是在 1936 年批判卢津, 顺带也批评了亚历山德罗夫, 第二次是在 1939 年反对莫斯科数学会党组织的决定. 两次发言都经过了精心准备, 相当尖锐, 甚至可能带有攻击性, 是我为正义而战的斗争精神的最早表现. 在接下来的 30 年里, 这种斗争主要以为数不多的公开演讲的形式进行, 它们即使没有达到既定目标, 也给我带来了道德上的极大满足. 后来, 这项活动变得更加系统化, 以组织工作的形式进行. 我从 1969 年开始介入出版工作, 从 1970 年开始从事国际交流工作.

如前所述, 我在进入斯捷克洛夫研究所后并没有放弃莫斯科大学力学数学系的教学工作, 它只在战争疏散期间中断过两年. 直到 1952 年, 我的教学工作几乎完全集中在组合拓扑学和连续群的选修课上. 我讲这些领域的专业课, 主持专业讨论班, 还指导研究生. 教学工作为撰写两本书提供了良好基础, 第一本是前面提到的专著《连续群》, 第二本是1947 年出版的《组合拓扑学基础》, 这本书非常简洁地叙述了组合拓扑学中为数不多的基本结论. 同样地, 我以 1950—1951 年的课程内容为基础, 写出了一本小册子《光滑流形及其在同伦理论中的应用》.

从 1952 年开始, 我的科研工作内容有很大变化, 但在此之前发生了战争. 战争改变了已经习惯的生活, 一切变得痛苦难熬, 这对我和任何苏联人来说都是一样的. 尽管在战争前很久我就生活在巨大危险逐渐临近的感觉中, 莫洛托夫向所有人宣布战争爆发的广播讲话仍然让我如坠深渊, 即便他的讲话以令人鼓舞的口号结束:"……我们的事业是正义的! 敌人必败! 胜利属于我们!"对未知威胁的恐惧促使我决定结婚,虽然我后来从未承认自己愿意走入这段婚姻. 这也给我的个人生活留下了阴影. 尽管在喀山长达两年的疏散伴随着巨大的生活困难,但这种困难并不是我当时主要担心的事情. 在库尔斯克突出部大战之前,我并没有完全确信我们会取得最终胜利,这让整个生活变得空荡荡的,看不到任何希望. 然而,随着时间的推移,我在疏散期间也产生了一些正面的情绪. 神奇的是,疏散为我提供了更有利的科研条件. 没有教学工作和大量会议的打扰,我有更多时间从事科研工作. 我在那时得到了几个很好的成果,一部分工作甚至是在排长队的过程中完成的.

1952 年,我的科研工作内容发生了巨大变化. 但这种变化也不是突然发生的,它有三个极其重要的前提条件. 如果没有这些条件,变化就不可能发生. 第一,早在 1952 年之前很久,我就已经感到迫切需要转向应用数学问题,甚至在战争之前就宣布了我的一些设想,但这并没有给我的工作带来任何根本性变化. 第二,我有了三个能力出众而思维方式又各不相同的学生——米先科、加姆克列利泽和博尔强斯基,他们帮助我在科学工作中完成了并不容易的转身. 第三,在1952 年之前的一两年中,以副所长克尔德什为代表的研究所领导层和研究所党组织坚决要求我转向应用数学问题的研究. 我并不觉得这些要求是对我的冒犯和干扰,因为我自己也相信这些要求是正确的. 然而,在这次转变中起决定性作用的是米先科,他当时已经是与我关系很好的同事. 我们一起滑冰, 也在他的带动下一起滑雪, 所以他的话对我来说就像朋友的建议. 他自己那时在研究非闭集的同调论, 这根本不能满足他, 因为他清晰的头脑告诉他, 这些问题不仅不可能有任何应用, 而且远远偏离数学发展的主流 ①.

1952 年秋, 我们在斯捷克洛夫研究所开设了一个讨论班, 但完全不知道应该做什么. 我们从学习安德罗诺夫关于振动理论的书开始, 从而知道了什么是电容、自感、电阻、振荡电路, 等等. 这给我们的研究带来了全新的色彩. 我们意识到, 我们自己可以写出各种仪器的微分方程, 并且写出这些方程应该成为我们研究的不可分割的一部分. 我们在讨论班上建立了一个硬性规定: 每个报告都必须从介绍某个仪器开始, 然后用微分方程给出它的数学描述, 最后才是对微分方程的研究, 以便理解仪器运行的物理原理. 后来, 我们开始邀请工程技术人员来做报告, 但我们从来不让他们在我们面前直接提出纯数学问题, 尽管他们预先已经通过研究相关仪器而得到了这样的数学问题. 必须指出, 我们这种活动并没有得到当时与我个人关系很好的老一辈数学家的理解和支持. 亚历山德罗夫认为我背叛了拓扑学, 而柯尔莫戈洛夫在米先科的一次研究生考试中对研究振荡电路表示出强烈的鄙视.

尽管如此, 我们坚信我们选择的道路是正确的, 并且相对来说很快就在振动理论中遇到了一个在数学上很有趣的问题, 其实质如下. 物理学家在对物理仪器进行数学上的理想化处理时通常忽略各种小量, 但有时这样写出的微分方程无法描述

---

① 这样的观点已经过时, 例如代数拓扑学后来被应用于凝聚态物理学.

物理现象. 因此, 在进一步的数学研究中必须额外考虑一些物理因素. 当被忽略的小量是高阶导数的系数时, 就会出现这样的情况. 于是, 我们得到了关于高阶导数带有小参数的微分方程的有趣数学问题. 我和米先科在这个领域得到的一系列结果后来引起许多其他数学家的关注. 不过, 我们不是这个领域的先驱, 因为多罗德尼岑已经考虑过同样的问题, 只不过他只考虑了一个特例. 值得注意的是, 我与米先科在这个阶段的合作研究已经得到了柯尔莫戈洛夫的高度评价. 在寻找相应领域的专家并与他们交流的过程中, 我们遇到的另一个重要问题是微分博弈和由此产生的最优化问题. 但我不会在这里讲这个问题, 因为我就这个问题于 1977 年 12 月在苏联科学院主席团上做的报告应该发表于我的这篇自述之后.

我决定把讨论班在两年时间内积累的各种见解分享给力学数学系的学生, 所以提出了一个不可能被拒绝的申请——希望在力学数学系讲常微分方程必修课, 并从 1954 年开始讲. 与此同时, 加姆克列利泽、米先科与大学的其他一些教师主持这门课的习题课, 我还与米先科和加姆克列利泽一起在力学数学系开设了多个讨论班. 开设讨论班是为了尽可能在学生中间推广我们的理念——数学的应用不仅能证明数学本身存在的合理性, 还能提出一些有趣的新问题, 而这些问题不可能仅靠理论上的高深推演而产生. 这项费时又费力的工作持续了三年, 然后被迫中止. 我之所以这样形容这项工作, 部分原因在于, 任何一位学生在讨论班上正式做报告之前, 都要给主持教师之一仔细预讲一遍. 我开始在力学数学系讲的常微分方程课程包含一些远非小打小闹的实例, 它们关系到微分方程在工程技术中非常重要的应用, 例如维什涅格拉茨基的瓦特调速器理论和安德罗诺夫的振荡电路理论, 后者利用了庞加莱的极限环. 此外, 我在一开始就讲常系数线性微分方程, 这些内容对同时进行的讨论班有用. 因此, 当时的教材不适用于我的课程, 我也非常担心学生们无法顺利通过考试. 我精心准备了每一次课, 并在课后仔细写出了讲课内容, 其形式已经达到了出版要求. 因此, 快到考试的时候, 我已经有了一份可以印刷出版的讲义. 然而, 大学的出版社拒绝了以胶印版形式出版我的讲义, 而莫斯科大学校长、微分方程教研室主任彼得罗夫斯基也 "未能" 说服出版社社长 (好像是蔡特林) 完成这项工作. 直到离考试还有三四周时, 我仍然没有为讲义找到出版社. 最终, 讲义总算在另一家胶印出版社出版了, 但我运来的 300 本讲义却被堆在系主任办公室里, 系图书馆以它们太贵为由拒绝接收 [1]. 我只好去找彼得罗夫斯基小小地闹上一闹, 讲义才安然入馆, 学生们终于能够准备考试了. 我们 (指加姆克列利泽、米先科和我, 都是拓扑学家) 入侵常微分方程领域的做法在力学数学系是不受欢迎的, 毕竟这是人家的地盘. 我们在力学数学系为期三年的教学活动只好告终, 因为我不想再继续讲课, 也无法让上述两位同事中的任何一位接替我——彼得罗夫斯基不同意.

胶印版讲义在我精心修改后于 1961 年由物理学数学文

---

[1] 在各系图书馆的藏书中, 同一本常用教材的数量通常非常大, 以满足本系学生的借阅需求.

献出版社正常印刷出版. 这本书[①]逐渐得到认可, 作为教材于 1975 年被授予国家奖金.

同样在 1961 年, 由庞特里亚金、博尔强斯基、加姆克列利泽、米先科合著的书《最优过程的数学理论》出版, 书中叙述了我们在控制理论领域的成就. 这本书在 1962 年获得了列宁奖金. 上述两本书的俄文版出版后, 很快就在美国被译为英文并出版, 并且第二本书的英文版由两家出版社同时出版. 后来它们有多种其他语言的译本.《最优过程的数学理论》一书对变分法和控制理论的发展都产生了重要影响.

1958 年, 我第一次出国. 爱丁堡国际数学家大会组委会邀请我做拓扑学的大会报告, 但我提出了另一个题目: 最优过程的数学理论. 报告是精心准备的, 还事先排练过, 我用俄语发言, 米先科写公式, 而李普曼·伯斯教授一段一段翻译为英语. 同样在 1958 年, 在数学家大会之前, 我当选院士. 这对我来说是件重要的事, 但丝毫没有让我感到激动, 因为我在某种程度上非常确信大家会选我. 这次选举是由维诺格拉多夫策划和主持的. 同样, 我在 1939 年当选苏联科学院通讯院士时也没有感到激动, 因为那时我也确信会当选.

在 1958 年还发生了一件对我来说非常重要的事: 我在阿布拉姆采沃认识了亚历山德拉·伊格纳季耶夫娜, 她是斯克利福索夫斯基急救研究所的医生. 两年后, 她成为我的妻子、朋友和一切事务的顾问. 两年的相识发展成了美好的友

---

① 俄文第 6 版中译本: Л. С. 庞特里亚金. 常微分方程. 林武忠, 倪明康译. 北京: 高等教育出版社, 2006.《初识高等数学: 微分方程及其应用》是其简写版.

谊，我们在结婚前彼此已经相当了解，从来不觉得在一起会无聊，总有说不完的话。我记得 1959 年的一次有趣对话。亚历山德拉·伊格纳季耶夫娜开玩笑地问我："列夫·谢苗诺维奇，您打算什么时候获得列宁奖金？"我回答："1962 年。"当时她对这个回答感到惊讶，认为只是开玩笑，但后来发现我的回答是在正确评估整个状况的基础上做出的。

我的第一次婚姻是在第二次婚姻的 10 年前结束的。

1968 年底，由于某些原因，我对出版工作产生了兴趣。更确切地说，是对科学出版社物理学数学文献总编辑部的工作感兴趣。在了解出版书单时，作者名字之单调重复让我震惊。在作者中几乎没有多多少少有些分量的学者，而其余作者的圈子也非常窄，但他们出的书非常多。我根据自己的经验知道写一本书需要多么巨大的工作量，所以我认为数学书的出版状况不佳。当时，物理学数学文献总编辑部的图书出版受到科学院编辑出版委员会的一个分会的控制，这个分会是由谢多夫主持的。我请求谢多夫建立一个单独的机构来加强或独立管理数学书的出版，但他不赞同我的建议，也就没有支持我。我设法获得了编辑出版委员会主席米利翁希科夫的支持，后来又获得了苏联科学院院长克尔德什的支持。在他们的压力下，谢多夫被迫同意让我实际介入出版工作。我与谢多夫一起写了一份书面协议，其中列出了由我领导的数学组在数学文献出版领域有权处理的各项事务。这份协议被转交给米利翁希科夫，以便以此为基础制定具有法律效力的文件，再请克尔德什院长签署。文件经过我修正和米利翁希科夫同意之后没有再修改，于 1970 年 12 月由克尔德什签署. 于是, 我成为苏联科学院编辑出版委员会的委员, 我在这个体系中的工作就这样开始了, 一直持续到现在. 我觉得, 我和数学组的同事们改善了数学领域的出版情况, 尽管困难还非常多. 主要困难在于吸引专业素养高并且诚实可靠的作者.

稍后, 按照数学组的模式又先后组织了物理组、力学组和控制组. 在我看来, 科学院对物理学数学文献总编辑部出版工作的掌控已经完全落在这些小组手中.

几乎同时, 我不得不介入数学领域的国际关系事务. 在 1970 年尼斯国际数学家大会之前, 应该选出国际数学联盟执行委员会的苏联代表. 我们数学部的院士秘书博戈柳博夫看来已经向院士韦夸承诺了这个职位, 但苏联数学家国家委员会主席维诺格拉多夫和苏联科学院院长克尔德什另有决定——他们推荐了我. 于是, 我在 1970 年大会上当选国际数学联盟副主席. 同样在尼斯发生的另一件事对我来说也很重要, 我再次做了大会报告, 这次讲微分博弈, 并且是用英语讲. 我之所以能够用英语做报告, 是因为我在 1969 年去斯坦福大学时不得不用英语讲了一个半月的课, 那边没有人替我翻译. 这让我备受折磨, 但同时也带给我巨大满足, 因为我克服了与英语有关的困难.

同样在 1969 年, 在去斯坦福之前, 我被授予社会主义劳动英雄 "金星" 奖章, 这在当时给我带来巨大快乐, 现在则给我带来一些福利.

即将在国际数学联盟执行委员会开展的工作让我很担心, 主要是因为我的英语不好. 因此, 我开始和日日琴科一起去参加执行委员会会议. 不过, 结果表明, 他不仅是一名翻译, 还成为我的顾问和在执行委员会一起工作的同事.

在执行委员会上推行苏联意见时, 我们有时会遇到执行委员会某些成员的严重抵制, 但也得到一些成员的友好支持. 我们必须解决的最严肃问题之一是为 1975—1978 年的新执行委员会的人选提出建议.

当我开始从事国际交流时, 我发现被允许出国的数学家圈子非常小, 这与数学书作者圈子很小的问题是类似的. 我认为, 数学家出国交流的现状在我们的努力下有一些改善.

必须承认, 由于我们自己的疏忽大意和一知半解, 数学领域中的一些情况已经严重恶化, 例如中学数学教材的现状. 10—12 年前进行的教学改革使中学数学教材处于灾难性状态, 最近连苏联科学院数学部都在 5 月 10 日的会议上正式承认了这样的现状.

Л.庞特里亚金

1978 年 6 月 5 日

正文索引

写给中学生的数学分析

写给中学生的数学分析

附录索引

写给中学生的数学分析

图字: 01-2021-1104 号

Математический анализ для школьников. Изд. 4-е.

写给中学生的

数学分析

（第4版）

图书在版编目（CIP）数据

写给中学生的数学分析：第4版 /（俄罗斯）Л.С. 庞特里亚金著；李植译. -- 北京：高等教育出版社，2024.6

ISBN 978-7-04-062023-8

Ⅰ.①写… Ⅱ.①Л… ②李… Ⅲ.①数学—青少年读物 Ⅳ.① O1-49

中国国家版本馆 CIP 数据核字（2024）第 058867 号

XIEGEI ZHONGXUESHENG DE SHUXUE FENXI

本书如有缺页、倒页、脱页等质量问题，请到所购图书销售部门联系调换。

版权所有　侵权必究

物 料 号　62023-00

出版发行	高等教育出版社
社　　址	北京市西城区德外大街4号
邮政编码	100120
印　　刷	北京盛通印刷股份有限公司
开　　本	850mm×1168mm　1/32
印　　张	5.125
字　　数	100千字
购书热线	010-58581118
咨询电话	400-810-0598
网　　址	http://www.hep.edu.cn
	http://www.hep.com.cn
网上订购	http://www.hepmall.com.cn
	http://www.hepmall.com
	http://www.hepmall.cn
版　　次	2024年6月第1版
印　　次	2024年6月第1次印刷
定　　价	49.00元

策划编辑	赵天夫
责任编辑	和　静
书籍设计	张申申
责任校对	刁丽丽
责任印制	赵义民

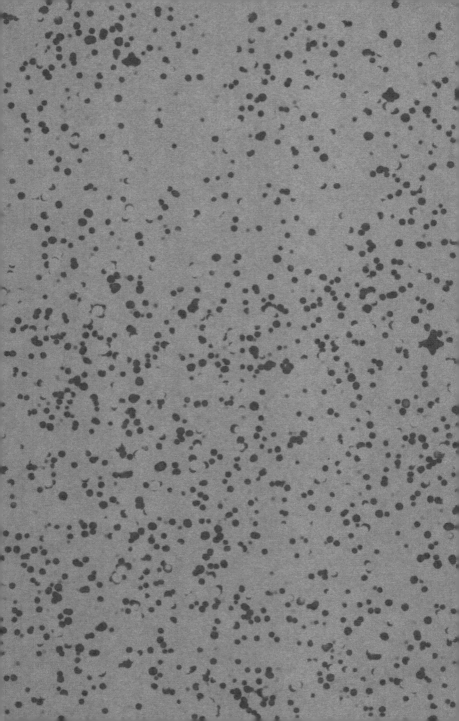

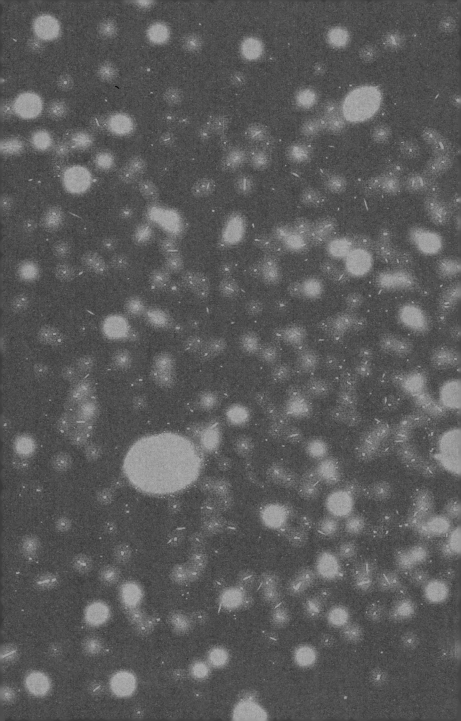